북극 이야기, 얼음 빼고

북극 이야기, 얼음 빼고

33번의 방문
비로소 북극을 만나다

김종덕 · 최준호 지음

위즈덤하우스

바이킹의 흔적이 남아 있는
아이슬란드의 스나이펠스네스반도

노르웨이의 북극 수도 트롬쇠.

알래스카 우트키아비크의 고래 뼈 조형물과 오로라.

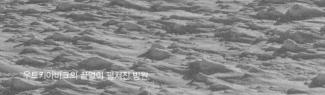
우트키아비크의 끝없이 펼쳐진 빙원.

바다처럼 넓은 시베리아의 바이칼호.

북극해에 떠 있는
러시아의 원자력쇄빙선 승리50주년기념호.

그린란드의 일룰리셋 앞바다로 흘러가는 빙하.

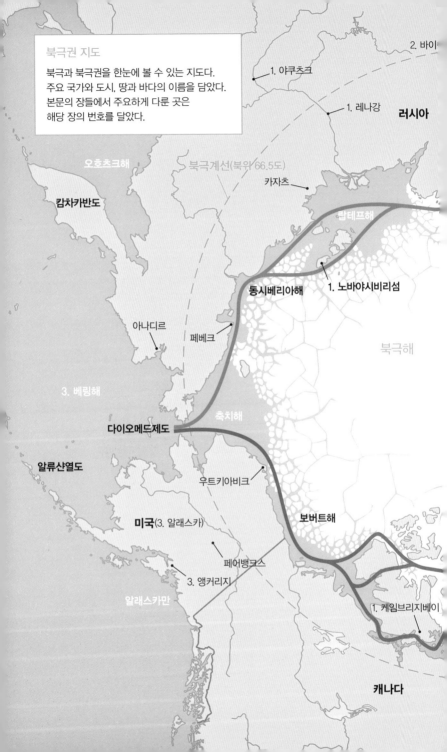

북극권 지도

북극과 북극권을 한눈에 볼 수 있는 지도다.
주요 국가와 도시, 땅과 바다의 이름을 담았다.
본문의 장들에서 주요하게 다룬 곳은
해당 장의 번호를 달았다.

2. 바이

1. 야쿠츠크

1. 레나강

러시아

오호츠크해

북극계선(북위 66.5도)

카자츠

랍테프해

캄차카반도

동시베리아해

1. 노바야시비리섬

북극해

아나디르

페베크

3. 베링해

축치해

다이오메드제도

알류샨열도

우트키아비크

보버트해

미국(3. 알래스카)

페어뱅크스

3. 앵커리지

1. 케임브리지베이

알래스카만

캐나다

차례

북극의 영혼은 오로라가 된다

나는 지난 10년 동안 서른세 번 북극권을 방문했다. 때로는 국제회의에 참석하기 위해, 때로는 북극 사회와 사람들을 조사하고 면담하기 위해, 때로는 그렇게 연구한 결과를 설명하기 위해서였다. 어떤 날은 한겨울의 극한極寒을 어떻게든 이기기 위해 눈사람처럼 동글동글하게 옷을 껴입기도 했고, 어떤 날은 기온이 30도를 넘어 이곳이 북극인가 할 정도의 더위와 모기떼에 고생하기도 했다.

그렇게 여러 차례 북극의 자연과 사람들을 만나고, 그곳의 급격한 변화를 바라보며, 멀리서 막연히 상상해온 북극, 원주민이 수천 년간 살아오며 체득한 북극, 달라지는 기후와 정치, 경제가 새롭게 그릴 미래의 북극이 너무나 다름을 알게 되었다.

북극 연구를 본격화한 것은 2013년부터다. 그해 1월 온종일 해가 뜨지 않는 극야極夜를 난생처음 경험했다. 5월에는 온종일 해가 지평선 밑으로 내려가지 않는 백야白夜도 경험할 수 있었다. 지구의 자전축이 틀어지지 않는 이상 우리나라에서는 경험할 수 없는 신기한 현상이지만, 당시에는 비행기를 너무 오래 타 지친 데다가, 생활 리듬이 불규칙해져 큰 감흥이 없었다. 게다가 출장 첫날 극야의 어두움 때문에 빙판을 피하지 못하고 미끄러져 크게 다친 탓에 외출도 마음대로 못 하는 상황이었다.

하지만 오로라만큼은 마음을 뛰게 했다. 첫 북극권 출장이 결정되자마자 가장 먼저 머릿속에 떠오른 것도 '드디어 오로라를 직접 보고 멋진 사진으로 남길 수 있겠구나' 하는 생각이었다. 만만치 않은 업무를 앞두고, 또 오로라를 볼 수 있을지 없을지 모르는 상황에서 그 풍광을 어떻게 사진에 담아야 할지 고민했으니, 속된 말로 떡 줄 사람은 꿈도 안 꾸는데 김칫국부터 들이킨 꼴이었다.

실제로 오로라는 쉽게 볼 수 없었다. 애초부터 오로라가 잘 나타나는 장소로 출장 간 것이 아니었으므로 볼 가능성이 크지 않았고, 비나 눈, 구름 같은 방해물이 조금이라도 있으면 창공 수 킬로미터 높이에서 발생하는 오로라를 관측하는 것은 불가능했기 때문이다.

맑은 날일지라도 인공 빛을 마구 뿜어내는 도시에서는 광해光害 때문에 오로라를 보기 힘들 뿐 아니라, 출현 시간을 정확히 예측할 수 없어 깜깜한 장소를 찾아 추위를 무릅쓰고 길게는 두세 시간까지 무작정 기다려야 한다. 즉 북극권에 간다고 해서 원하는 시간에 쉽게 오로라를 볼 수 있는 게 아니다. 극야와 백야가 고정 출연진이라면, 오로라는 특별한 날에만 나오는 카메오다.

결국 2년이 지난 2015년 3월이 되어서야 오로라를 실제로 볼 수 있었다. 캐나다 화이트호스Whitehorse에서 열린 북극이사회Arctic Council 회의에 참석했을 때였다. 회의를 마치고 저녁 열 시쯤 숙소로 돌아왔는데, 조용하던 마을이 갑자기 소란스러워져 창문을 여니 창공에 짙게 새겨진 초록빛 무늬가 보였다. 북극권 방문 여섯 번째 만에 그토록 기대했던 오로라를 본 것이다. 오로라를 처음 본 순간 이 세상 빛이 아닌 것처럼 보였고, 때로는 굴뚝에서 솟아나는 연기처럼, 때로는 바람에 일렁이는 커튼처럼 꿈틀거리는 듯했다. 그 몽환적인 움직임을 가만히 보고 있자니 미세한 흔들림에 어지러움을 느꼈지만, 신비감만큼은 영하 20도의 추위를 잊게 할 만큼 강렬했다.

그 후로도 오로라를 볼 기회가 여러 차례 있었다. 하지만 반복될수록 처음에 느낀 시각적 감흥은 점차 사라졌다. 대신

'원주민도 오로라를 단지 아름답게만 받아드릴까', '내가 이곳에 온 최초의 인류였다면 오로라를 보고 어떤 생각을 했을까' 하는 공상에 빠져보았다. 이렇게 오로라를 대하는 원주민의 생각과 마음에 조금씩 관심을 품고 알아가면서 내 관심사도 북극이라는 '공간'에서 '사람'으로 점차 넓어져 갔다.

과거 북극 원주민은 고립되고 열악한 극한의 환경에서 살다 보니 수명이 짧았고, 그만큼 가족 간의 유대가 매우 끈끈했다. 또한 생존을 위해 다른 동물의 생명을 취하는 사냥을 피할 수 없었기 때문인지 오로라를 사람 및 동물의 영혼과 결부시켜 생각했다. 지켜주지 못한 사랑하는 가족들, 생존을 위해 잡아먹은 동물들의 영혼이, 불쑥 나타나서 말을 걸듯 꿈틀거리다가 흐릿하게 사라지는 오로라에 투영된 것이다. 이방인에게는 아름답고 멋지기만 한 피사체인 오로라가 원주민에게는 주변 생명과의 연결이라는 영적 의미를 품고 있었다.

오로라 덕분에 겉으로 보이는 것이 다가 아님을 다시 한번 깨닫게 되었고, 그제야 우리와 많이 닮은 원주민의 삶이 조금씩 보이기 시작했다. 그렇게 어렵고 딱딱하게만 보이던 북극의 정치, 경제, 기후 문제들이 사람과 연결되었다. 북극이 사람 사는 곳으로 보이기 시작한 것이다.

이처럼 북극은 알면 알수록, 전혀 예상치 못한 면을 일깨

운다. 북극을 간단히 정의할 수 없는 이유다. 하여 북극과 북극권의 여러 현장을 발로 누비며 직접 보고 들은 다양한 이야기를 풀어내려 한다. 옛날이야기, 몰랐던 이야기, 기쁘고 즐거웠던 이야기, 슬프고 가슴 아팠던 이야기 그리고 미래의 이야기다.

이러한 이야기를 2019년 9월부터 9개월 동안《중앙일보》에 〈북극비사〉라는 제목으로 연재, 독자들과 만났고, 그 내용을 다시 꼼꼼히 정리하고 보태 이 책을 쓰게 되었다. 공저자인 최준호 기자는 그린란드의 수도 누크Nuuk에서 개최된 북극서클Arctic Circle 회의에 같이 참석하고 현지 취재를 함께 할 정도로 나와 다양한 북극 이야기를 공유했다. 이후 연재 시 초고를 잘 다듬어주었을 뿐 아니라 기사 집필에도 참여해 〈북극비사〉는 누적 조회 수 400만 회 이상을 기록할 수 있었다. 이 책을 공동으로 집필하자는 제안에 망설임 없이 응해준 데 다시 한번 감사의 마음을 전한다.

또한 편집 과정에서 글과 사진을 정리해준 위즈덤하우스, 북극의 땅과 바다를 경험하게 해준 한국해양수산개발원과 해양수산부, 외교부의 지원과 지지도 책 출간에 큰 도움이 되었다.

북극은 북극점만을 뜻하지 않는다. 유라시아와 북아메리카, 그린란드로 구성된 방대한 땅과 바다를 포함한다. 이곳에는 셀 수 없을 만큼 많은 이야기가 숨어 있다. 이 책으로 독자들에게 북극의 모습이 좀더 현실적이고 실감 나게 다가가길 희망한다.

북극에서 나와 함께 시간을 보내고 이야기를 들려주며 지식과 사진을 공유해준 모든 친구에게 감사하다. 그들의 행복과 번영을 기원한다.

2021년 6월

김종덕

짧게 정리한 북극의 긴 역사

온기 하나 없는 차갑고 새까만 겨울 하늘을 캔버스 삼아 신비롭게 일렁이는 빛의 물결, 북극의 초록빛 오로라. 금방이라도 얼어붙을 것 같은 북극 바다 위를 유유히 헤엄치다가 빙산氷山 위에 올라 포효하는 이 구역 최강의 포식자, 하얀 북극곰. 시베리아와 북아메리카에서 매년 수천 킬로미터를 이동하며 태곳적 원시 자연에 그들만의 길을 만들어온 북극의 방랑자, 빨간 코 순록. 이들은 오랫동안 북극의 하늘과 바다, 땅을 조용하게 지배해온 원주인原住人이다.

인류는 북극 원주인을 아주 오래전부터 알고 있었던 것 같다. 북극을 뜻하는 영어 '아크틱Arctic'의 어원인 그리스어 '아르크티코스Arktikos'는 '큰 곰의 땅'이라는 뜻이다. 고대 그리스 사람들은 북쪽 너머를 인간이 아닌 곰의 세상으로 생각했던 모양이다. 그래서인지 북쪽 하늘의 별들을 이어 큰곰자리와 작은곰자리를 그리고, 제우스Zeus의 딸 아르테미스Artemis의 노여움을 사 곰이 된 칼리스토Callisto와 그녀가 제우스와 낳은 아들 아르카스Arcas의 슬픈 이야기를 붙였다. 작은곰자리에서 가장 빛나는 별이 모든 뱃사람이 방위의 기준으로 삼는 북극성이다.

고대 그리스 사람들뿐 아니라 북방의 많은 민족에게 실제로 곰을 숭배하는 토템 신앙이 있었다. 또 북극권의 가장 큰 나라인 러시아의 상징도 곰이고, 북극 바다와 연안의 가장 강력한 포식자도 북극곰이다. 이래저래 북극은 동서고금을 막론하고 곰과 인연이 깊다.

큰 곰의 땅, 북극에 이런저런 이유로 발을 디딘 인류는 절박한 문제였던 먹거리 부족과 추위를 극복하고 삶을 이어가고자 차가움과 어두움, 배고픔을 이겨내는 나름의 방법을 터득했다. 훗날 원주민原住民이라고 불리게 된 이들은 사냥과 목축을 익혀 차츰 그 땅과 바다의 새로운 주인이 되어갔다.

하지만 그 후 문명이라는 무기를 장착하고 북극에 나타난 탐험가와 이주민移住民은 차가운 땅 구석구석을 돌아다니며 북극 정복시대의 서막을 열어젖혔다. 15세기 대항해시대가 시작되자 신화와 전설의 세상이었던 북극이 점차 주목받게 되었고, 특히 바다를 장악해 무역로를 확보하려 했던 유럽 국가들은 북극해를 거쳐 인도와 중국으로 가는 새로운 항로를 개척하고자 경쟁했다. 영국은 항로 개척에 현상금을 내걸기까지 했다. 이에 당대의 내로라하는 탐험가와 군인들이 도전에 나섰지만, 모두 북극의 혹독한 날씨를 이기지 못하고 중도에 포기하거나 비극적인 결말을 맞게 되었다.

하지만 증기선이 등장하는 18세기에 들어서면서 상황이 바뀐다. 마침내 1879년 핀란드 사람이면서 스웨덴에서 활동했던 과학자이자 탐험가 아돌프 에리크 노르덴셸드Adolf Erik Nordenskiold가 베가Vega호를 타고 스웨덴 칼스크로나Karlskrona를 떠난 지 1년 1개월 만에 베링Bering해를 통과해 사상 처음으로 북동항로를 완전히 항행한 것이다. 또 다른 북극항로인 북서항로는 잘 알려진 대로 1911년 인류 최초로 남극점에 도달했던 노르웨이의 위대한 탐험가 로알 아문센Roald Amundsen이 1906년 요아Gjoa호를 타고 항행에 성공했다. 우리나라도 노르덴셸드의 항행이 성공한 지 꼭 130년 만인 2009년 북동항로를 통과하는 상업 운항에 성공한 바 있다.

북극 정복에 성공한 이주민은 원주민과 달리 생존에 필요한 것보다 훨씬 많은 것을 가져갔고, 기계 소음과 각종 유해물질을 쏟아냈다. 이주민은 동물 가죽과 물고기, 황금과 보석, 석유와 가스를 찾아 북유럽에서 시베리아로, 다시 북아메리카으로, 결국 순수의 땅 그린란드까지 뻗어 나갔다. 때

마침 시작된 기후변화는 이주민의 확산과 개척시대를 재촉했다.

하지만 20세기를 뒤흔든 두 차례의 세계대전과 냉전 탓에 북극을 향한 관심은 줄어들고, 대신 초강대국 간의 군사적 긴장이 북극을 지배하게 된다. 이후 소련이 페레스트로이카perestroika 정책을 시작한 1980년대 후반부터 북극은 새로운 전기를 맞이한다. 1987년 미하일 고르바초프Mikhail Gorbachev 서기장이 무르만스크Murmansk선언을 하며 북극에서의 다자간 협력이 조심스럽게 시작된 것이다. 이러한 움직임은 1996년 북극이사회를 탄생시키는 원동력이 된다.

21세기에 들어서면서 북극은 또 한 번 세계적인 관심의 대상이 된다. 무르만스크선언 이후 북극 관련 논의는 주로 환경과 오염 문제를 중심으로 진행되었다. 그런데 2007년 여름, 북극해를 덮은 얼음이 급속히 줄어들어 관측 역사상 최소 면적을 기록해 위기감을 조성한다. 곧이어 2008년 유가가 사상 최고 가격인 1배럴당 145달러까지 치솟은 가운데 미국의 한 정부기관이 북극의 땅과 바다 밑에 엄청난 양의 석유와 가스가 묻혀 있다고 발표한다. 이로써 전 세계가 북극에 비상한 관심을 보이기 시작한다. 우리나라는 2008년부터 북극이사회 옵서버observer국가가 되고자 노력했는데, 2013년 중국, 일본 등과 함께 자격을 획득하며 공식적인 북극 이해관계국으로 인정받았다.

　오랫동안 추위와 접근 수단의 부족으로 북극에서 인간 활동은 극히 제한적이었다. 하지만 다른 지역의 인간 활동 때문에 기후가 따뜻해지고, 기술이 발전하며 북극은 모두가 탐내는 지구의 새로운 '프런티어frontier'가 되었다. 이제는 북극의 이용을 둘러싸고 초강대국 간의 경쟁이 격화되고 있다. 특히 멈추지 않는 기후변화는 수만 년간 잠들어 있던 동토와 얼음 바다를 깨우고, 인간의 힘으로 어쩔 수 없을 정도의 급격한 변화를 일으키는 중이다.

1장

흰 사막을
물들이는 사람들

북극의 역사와 문화

북극으로 떠난
조선 여인

북위 77도까지 뻗어 북극해에 접한 러시아 사하Sakha공화국은 영하 71도까지 떨어진 기록이 있을 정도로 지구상에서 사람이 사는 가장 추운 곳이다. 사하공화국의 수도 야쿠츠크Yakutsk는 영구동토층 위에 있어 도로로 연결되지 못한 도시로는 가장 크다. 그곳에 우리와 얼굴은 물론, 풍습까지 비슷한 사람들이 살고 있다.

사하공화국의 면적은 한반도의 열다섯 배에 이르는데, 이곳에 러시아 생산량의 90퍼센트, 전 세계 부존량의 25퍼센트에 달하는 다이아몬드가 묻혀 있다고 한다. 천연가스와 석유도 러시아 매장량의 35퍼센트에 이른다고 추정된다. 최근에는 북극해와 시베리아를 연결하는 물류 허브로 주목받고 있다. 시베리아의 전설에 따르면 신이 보물이 가득 든 가방을 들고 사하공화국 위를 날아가다가 극심한 추위에 그만 손이 얼어버려 이곳에 떨어뜨렸다고 한다.

2019년, 한반도에는 봄꽃이 피기 시작하는 4월 초 야쿠츠크에 들렀다. 그해 겨울 야쿠츠크의 기온은 영하 40도까지 떨어졌다고 했다. 사하공화국에서 북극 담당 차관으로 일하는 내 오랜 친구 미하일 포고다예프Mikhail Pogodaev는 평소보다 덜 추웠다고 너스레를 떨었다. 상상도 안 되는 매서운 한겨울 추위는 한두 달 차이로 피했지만, 내가 동토의 짙은 정취를 느끼는 데는 영하 15도의 기온과 꽁꽁 얼어붙은 레나Lena강으로 충분했다. 레나강은 에벤크어Ėvėnki로 '큰 강'이라는 뜻이다. 세계 최대의 담수호인 바이칼Baikal호 부근에서 발원해 3,000여 킬로미터를 달려와 야쿠트인Yakuts의 땅 사하공화국에 도달한 레나강은 다시 1,000킬로미터를 더 흘러 북극 바다인 랍테프Laptev해로 흘러든다.

사하공화국 사람들은 우리와 많이 닮았다. 스스로 바이칼호에서 왔으며 한민족과 1,300여 년 전 해동성국海東盛國이라 불린 발해를 같이 건국했다고 생각한다. 러시아의 북극 원주민이 주축이 된 지방정부 협의기구인 노던포럼Northern Forum의 안드레이 이사코프Andrey Isakov 박사는 이것이 한반도와 북극권의 첫 만남이라고 설명한다. 고구려 유민이 중심이

얼어붙은 레나강.
나무가 없는 설원이 원래는 물이 흐르는 곳이다.

된 다민족국가 발해에 북극 원주민이 함께했다는 것이다. 좀 더 연구해보면 우리 민족과 이들 간의 오래된 역사를 밝혀낼지 모른다.

전혀 예상치 못한 인연

———

사하공화국을 배경으로 한 또 다른 만남의 이야기가 존재한다. 1932년 발간된 체코 출신 모험가 얀 벨츨Jan Welzl의 자서전《황금의 땅 북극에서 산 30년Thirty Years in the Golden North》에 기록되어 있다. 이 책에는 황금의 땅을 찾아 바이칼호의 도시 이르쿠츠크Irkutsk에서 출발해 사하공화국의 북쪽 끝 노바야시비리Novaya Sibir섬까지 갔다가 이누이트Inuit 족장이 된 일 등이 기록되어 있다. 이 소설 같은 이야기를 따라가다 보면 전혀 예상치 못한 조선 여인을 만나게 된다.

고기잡이배들은 섬 이곳저곳에 여자도 포함된 일꾼들을 내려놓는다. 그리고 돌아오는 길에 그들을 다시 데려간다. 하지만 평소보다 여름이 춥고 겨울 추위가 빨리 와서 바다가 얼어버릴 위험이 있으면 내려놓은 일꾼들을 다 데려가는 것이 아니라 돌아가는 항로 가까운 곳에 있는 이들과 정어리만 싣고 바로 떠나버린다. 북극해를 최대한 빨리 벗어나야 하기 때문이다. 조선 여인도 그렇게 남겨졌지만, 그녀는 노바야시비리섬을 좋아했고 그곳에 스스로 남았다.

벨츨은 자신이 입양한 이누이트 여자아이를 키우는 7년 동안 "한국Korean" 여인과 함께 생활했다고 썼다. 그 여인은 여름철 태평양에서 북극해로 넘어오는 정어리를 잡기 위해 일본과 중국, 한국에서 출항한 배 중 하나를 타고 왔다가 정착한 사람이다. 그녀가 흰 머리띠로 벨츨의 머리를 정갈하게 묶어주어서, 그가 섬의 원주민에게 더욱 존경받게 되었다는 일화도 적혀 있다.

벨츨이 책에서 한국을 일본 및 중국과 분명히 구분해 설명하고, 흰 머리띠를 강조한 것으로 보아 그녀가 조선 여인임은 분명해 보인다. 시기를 명확하게 밝히지는 않았지만, 조선 여인의 이야기 바로 뒤에 1909년의 일을 서술한 것으로 보아, 아마 그전에 그녀를 만났을 것이다. 아쉽게도 이름이나 출신지를 추측할 만한 내용은 담겨 있지 않다.

만약 벨츨의 기억이 사실이고 정확하다면, 우리나라와 북극의 관계는 거의 80년 이상 거슬러 올라가고, 북극해 수산업의 이해도 상당히 달라진다. 정어리가 태평양과 북극해 사이를 이동한다는 것은 오늘날 밝혀진 과학적 증거와 맞지 않

야쿠츠크에서 만난 정승.
우리의 정승과 비슷한 모양이다.
조선 여인도 이곳에서 정승을 보았을까.

지만, 벨츨의 설명이 너무나 명확하기 때문이다.

약 120년 전 북극해를 누빈 조선 여인. 청결하고 책임감이 강하며 벨츨의 품격을 높여준 그녀는 과연 누구였을까. 그녀는 무슨 사연으로 머나먼 얼어붙은 바다로 향하는 고기잡이 배에 탔을까. 그녀는 왜 고향으로 돌아가지 않고 노바야시비리섬에 홀로 남았을까. 그녀는 결국 고향으로 돌아갔을까. 답을 찾을 수 없는 의문이 꼬리에 꼬리를 문다.

조선 여인이 제국주의 열강의 위협 앞에 풍전등화의 위기에 빠진 고향을 좋아했는지는 알 수 없다. 하지만 극한의 동토에서 고통을 느낀 순간은 수없이 많았을 것이고, 그러다 보면 어느 순간 가슴 아플 정도로 사무치게 고향을 그리워했을 터. 그녀의 애타는 마음이 차갑고 어두운 북극의 밤하늘로 올라 초록빛 오로라가 되었을지 모른다.

내게 만약 시간여행의 기회가 주어진다면 조선 여인을 찾아가고 싶다. 왜 이역만리 동토에 남았는지 그리고 그곳에서 행복했는지 물어보고 그녀가 그곳에서 살았음을 증명하는 자그마한 흔적이라도 남겨야지. 그래서 한반도에 남았을 가족과 후손에게 그녀가 사라진 것이 아니라 북극의 섬에서 강하게 살았음을 전해주고 싶다.

오늘날에는 돈과 의지만 있다면 북극의 웬만한 곳은 자유로이 갈 수 있다. 하지만 20세기 초 힘없는 약소국 출신이라면, 게다가 여인이라면 상황이 오죽했으랴. 벨플의 책에서 그녀의 이야기를 읽노라면 북극의 외딴 섬에서 느꼈을 고통과 두려움이 절절하게 느껴진다. 고작 영하 15도의 추위에 놀라 두꺼운 첨단 방한복을 입고 따뜻하게 요리된 음식을 먹으면서도 움츠리는 사람이 있는데 말이다.

얼어붙은 레나강 끝에 있는, 한국과 북극의 인연이 얽힌 노바야시비리섬. 냉전이 시작되며 그곳은 접근 금지 구역이 되었고, 간간이 군사 활동만 벌어졌다. 하지만 최근 북극항로가 이곳을 다시 지나면서 주목받고 있다. 언젠가 조선 여인의 흔적을 찾게 된다면, 북극과의 그 오랜 인연이 우리의 기억 속에 꼭 되살아나길 바란다.

시간을 넘나드는
사냥꾼들의 나라

사하공화국의 별칭은 '매머드 왕국'이다. 수도 야쿠츠크의 박물관이나 공공시설, 호텔 등에서는 4,000년 전 급격한 기후변화로 멸종한 매머드 모형이나 매머드 상아로 만든 상품을 어렵지 않게 만날 수 있다. 1796년 프랑스 동물학자 조르주 퀴비에Georges Cuvier가 밝혀냈듯이 이곳에서 매머드를 쉽게 볼 수 있는 것은 바로 당시의 따뜻한 기온 때문이다. 엄청난 양의 먹이가 필요한 대형 초식동물이 황량한 동토에 살았다는 것이 잘 이해되지 않을 수 있지만, 매머드가 살았던 시절에는 초목이 우거졌다. 매머드뿐 아니라 아프리카에나 있을 법한 코뿔소의 흔적도 발견되는 것으로 보아 빙하기 이전에는 시베리아와 북극해 연안에 지금과는 사뭇 다른 녹색 공간이 펼쳐졌을 가능성이 크다.

빙하기를 거치면서 가죽이 두꺼워지고, 귀의 크기가 작아지는 등 추운 환경에 맞서 체온을 보전하도록 진화하는 데 어느 정도 성공했지만, 매머드는 결국 시시히 멸종했다. 그렇게 죽어서 눈과 얼음으로 덮인 동토 아래 잠들어 영원한 안식을 얻은 듯했다. 하지만 기온 상승으로 지표층뿐 아니라 땅속 깊은 곳의 영구동토층까지 녹기 시작했고, 얼어붙었던 바다나 하천도 마찬가지였다. 얼음이 녹아 물이 흐르면서 땅을 침식했고, 그러면서 영구동토층 아래 얼어붙어 있던 매머드가 수천수만 년이 지나 다시 모습을 드러냈다. 얼음 속에 갇혀 있었던 탓에 어떤 매머드는 마치 얼마 전까지 살아 있었던 것처럼 생생한 모습으로 발견되기도 한다. 2010년 랍테프 해안가에 사는 유카기르Yukaghir족이 발견해 '유카'라고 이름 붙인 어린 암컷 매머드는 생체 조직이 너무나 생생하게 보존되어 있어 큰 화제가 되었다.

매머드를 둘러싼 어떤 정의

최근 들어 사하공화국에 '매머드 사냥꾼'이 늘어나고 있다. 매머드 발굴을 전문적으로 하는 이들로, 지역 정부에서 공식적으로 허가받은 사냥꾼만 500명이 넘고, 관련 산업에 종사하는 사람은 2,500여 명에 이른다고 한다. 사하공화국 전체 인구가 100만 명 정도이니 엄청난 숫자다. 오래전 사라진 매머드 사냥이 부활한 셈이다.

그런데 수천 년 전 멸종한 매머드를 왜 진흙 구덩이에 들어가 목숨 걸고 힘들게 '사냥'하는 걸까. 이유는 유난히도 긴 송곳니, 즉 상아에 있다. 매머드 상아 수요가 급격히 늘어난 것인데, 그간 상아의 최대 수요처인 유럽과 중국이 각각 2017년과 2018년 코끼리 상아 거래를 불법화했기 때문이다. 실제로 연간 20톤 정도였던 매머드 상아의 발굴량이 2020년 123톤으로 크게 늘었다. 가히 '아이보리 러시ivory rush'라고 할 만한 상황이다.

상아를 뜻하는 영어 '아이보리'의 어원은 고대 이집트어 '아부abu'로 '코끼리'를 가리킨다. 코끼리 상아는 특유의 하얀 빛과 보존성, 조각품으로 만들었을 때의 높은 상품 가치로 수천 년 동안 상업, 예술, 신앙 등의 목적을 위해 거래되었다. 우리 민족도 예외가 아니었다. 중국의 영향으로 도장, 또는 반지 같은 장식품을 만들 때 코끼리 상아를 사용했다.

날카롭고 딱딱한 상아는 코끼리의 상징이다. 오랜 세월 진화를 거듭하며 상아는 코끼리의 생존에 필수적인 무기가 되었는데, 인간이 상아에 매력을 느끼고 좋아하게 되면서 오히려 코끼리의 생존을 위협하는 가장 큰 이유가 되고 말았다. 상아를 얻기 위한 무분별한 코끼리 사냥과 밀렵이 현재까지 수백 년간 이어지고 있다. 아프리카 서해안의 자그마한 나라 코트디부아르의 국명은 슬프게도 '상아의d'Ivoire 해변Cote'이라는 뜻이다.

1975년 '워싱턴Washington협약'으로 불리는 '멸종 위기에 처한 야생동식물종의 국제 거래에 관한 협약Convention on International Trade in Endangered Species of Wild Flora and Fauna, CITES'이 체결되고, 무역 금지 대상으로 아시아코끼리와 아프리카코끼리가 등록되었다. 하지만 여전히 밀렵은 그치지 않고 있으며 매년 2만 마리에 가까운 코끼리가 대부분 상아 때문에 잔혹하게 사냥당하고 있다.

그런데 지구에서 가장 뜨거운 지역인 아프리카의 코끼리 상아 문제는 역설적이게도 가장 차가운 지역인 북극권에서 해결의 실마리를 찾았다. 코끼리 상아를 대체할 가능성이 큰 소재가 바로 북극권의 땅속에 묻혀 있기 때문이다. 코끼리의 먼 친척인 매머드는 수백만 년간 시베리아에서 생존하다가 약 4,000년 전 멸종했다. 이들은 시베리아의 두꺼운 얼음 속이나 영구동토층에 묻혀 있다. 그 수가 1,000만 마리 이상으로 추정되는데, 그중 약 80퍼센트가 사하공화국에 있다고 한

그럴듯하게 복원한 매머드.
야쿠츠크에서는 매머드 모형을 쉽게 볼 수 있다.
상아 때문에 수천 년의 잠에서 깨어 세상에 나온 매머드의 운명이 얄궂다.

다. 그리드아렌달GRID-Arendal재단의 조사 결과에 따르면 사하공화국에 묻혀 있는 매머드 상아는 최대 10억 톤에 이를 것으로 예상된다.

사실 매머드 상아가 유럽에 첫선을 보인 것은 이미 400년 전의 일이지만, 그간 발굴이 어려워 보편화하지 못했다. 요즘 공급이 크게 늘었는데도, 최상품의 경우 100킬로그램당 5,000만 원에 달한다고 한다.

매머드 상아 발굴은 긍정과 부정의 측면을 모두 지니고 있다. 긍정적으로 보자면, 이미 멸종된 매머드의 잔해에서 상아를 얻을 수 있어 현존하는 코끼리를 보호하는 데 도움이 되고, 자원 개발 외에는 마땅한 산업이 없는 북극권에서 지역민의 경제 활동을 도울 수 있다. 때때로 과학 발전에도 이바지한다.

하지만 부정적으로 보자면, 무분별한 발굴로 영구동토층 훼손이 빨라진다. 예상치 못한 병원균의 확산이나 지반 함몰 같은 재해도 유발할 수 있다. 코끼리의 것이든 매머드의 것이든 상아의 비정상적 수요가 근절되지 않는 원인이기도 하다. 이런 이유로 2019년 몇몇 단체가 매머드를 멸종 위기 동물로 등록하려고 시도했다. 하지만 지역민으로서는 수천억 원에 달하는 엄청난 가치의 자원을 그냥 지나치기가 쉽지 않을 것이다.

〈타잔〉이라는 드라마가 있었다. 주인공 타잔이 "아아아~ 아아아아~"라는 특유의 고함으로 도움을 요청하면, 정글의 동물 친구들이 주저 없이 도우러 왔다. 그중에서도 가장 강력한 친구는 커다란 몸집에 단단하고 날카로운 상아를 가진 코끼리였다. 코끼리가 등장하면 타잔은 쉽게 위기를 넘기고 악당을 무찌를 수 있었다.

오늘날 타잔의 친구 코끼리는 70만 마리밖에 남지 않았다. 이미 멸종되어 차가운 영구동토층에 묻혀 있는 1,000만 마리의 매머드 덕분에 그들이 멸종 위기에서 벗어난다면 최선은 아닐지라도 차선은 되지 않을까. 물론 인간의 욕심으로 4,000년 전 멸종되어 영구동토층에 묻힌 매머드가 다시 파헤쳐지는 현실은 참혹하다. 죽음과 시간으로도 해결하지 못하는 일이 동토의 나라에서 일어나고 있다는 생각에 뒷머리가 서늘해진다.

야쿠츠크의 매머드박물관 관장이었던 세묜 그리고리예프 Semyon Grigoryev는 매머드 연구의 최고 권위자로, 사하공화국 북부의 '매머드 수도'로 불리는 카자츠Kazachye에서 자랐다. 2019년 매머드박물관을 방문해 면담할 때 그는 "4년 전 발굴한 매머드 잔해에서 이제껏 알려진 바 없는 박테리아가 발견되었지만, 유해하다는 증거는 아직 확인되지 않았다"라며

"별다른 직업이 없는 지역민에게 매머드 발굴은 중요한 생계 수단이 되고 있다"라고 전했다. 이처럼 매머드 연구와 고향을 향한 끝없는 애정을 보여준 그였는데, 2020년 5월 난데없는 비보를 받았다. 그가 갑자기 사망했다는 것이다. 심장마비라는 소문이 있었지만, 확실한 원인은 알 수 없었다. 불과 3개월여 전만 해도 서울을 방문해 시내 풍경과 뚝배기 불고기 사진을 찍으며 즐거워하고, 하루 전에는 이메일로 매머드박물관의 성과를 공유해준 그였다. 매머드 연구의 큰 별이 졌다. 그의 명복을 빈다.

순록의 혀끝을
먹지 않는 이유

무더위가 기승을 부리던 2014년 8월 초, 북위 67도에 있는 러시아 네네츠Nenets자치구의 항구 도시 나리얀마르Naryan-Mar를 방문했을 때다. 한국의 더위에 지친 탓에 북극권의 서늘함을 기대했지만, 공항에 도착하자마자 환상은 깨졌다. 대기는 마치 안개가 낀 듯 자욱했는데, 그 이유는 상상할 수 없는 규모로 뭉친 모기떼가 윙윙거리며 날아다녔기 때문이다. 새벽이슬이 햇살에 마르면 풀 속에 숨어 있던 모기들이 하늘로 날아올라 이방인을 알아보듯 연신 달려들었다.

곳곳에 보이는 순록들도 꼬리로 모기를 쫓느라 열심이었다. 냄새가 고약한 모기약을 얻어 피부는 물론이고 머리카락과 겉옷에 두껍게 바르고 난 후에야 겨우 공격에서 벗어날 수 있었다.

정신을 차리고 주변을 둘러보니 텐트처럼 생긴 전통 가옥 춤chum이 눈에 들어왔다. 그곳에 들어가니 전통 시장에서 풍기는 소고기 삶는 듯한 냄새가 진하게 나 깜짝 놀랐다. 낯선 곳에 가면 다 비슷하겠지만, 북극권에서 마주하는 어려움 중 하나가 바로 음식이다. 10년 가까이 북극권을 오가면서 그곳의 음식을 먹어보고 느낀 점을 간단하게 표현하면, '익숙함 속의 생소함, 생소함 속의 익숙함'이라 하겠다.

북극 음식 문화의 정수

북극권 중에서도 시베리아, 북아메리카, 그린란드 원주민은 우리와 생김새가 닮았다. 그들의 신앙과 생활 방식, 자연을 대하는 태도도 우리의 전통과 별반 다르지 않다. 그래서 새로운 곳을 가더라도 익숙하고, 그들과 자연스럽게 섞여 있는 자신을 발견하곤 한다. 그래도 매끼 먹어야 하는 음식만큼은 어쩔 수 없이 낯설게 느껴질 때가 많다.

음식은 어쩌면 문화의 총화總和이고, 민족을 특징짓는 기준이다. 수천수만 년간 매일 두세 번씩 수천수만 가구가 조리하고 바꿔나간 음식은 단순히 배고픔을 해결하는 먹거리

이상의 의미를 지닌다. 그리고 북극 음식은 자연과 매우 밀접하게 이어져 있다. 긴 겨울과 짧은 여름 탓에 식물과 곡물의 생장이 제한되어 채소나 과일, 곡식은 흔치 않고, 목축과 사냥, 낚시로 얻은 고기가 주식이 되었다. 이처럼 기후가 혹독하고 지리적으로 고립된 지역의 음식에는 재료보다 사람의 이야기가 더 많이 담길 수밖에 없다.

우리와 기후대가 달라 재료도 다르고 조미료나 향신료도 다를 수밖에 없다는 점은 알고 있지만, 북극 음식의 놀랍고 순수한 생김새에 얼어붙을 때가 많았다. 하지만 자세히 살펴보면 물에 삶아 따뜻하게 조리하는 우리 음식과 많이 닮았음을 알 수 있다.

북극 음식은 수 세기, 아니 그보다 더 긴 세월 동안 자연에서 습득한 지식 위에 발전해왔다. 계절마다 회유하는 고래와 철새, 연어는 원주민의 삶을 이어지게 해주었다. 그래서 기후변화로 동물의 이동 경로가 바뀌거나 개체 수가 줄어들면 다른 대안이 없는 그들의 식생활은 크게 영향받는다.

순록은 북극 유목민을 상징하는 동물이라고 해도 과언이 아닌데, 그것을 중심으로 발전한 음식 문화는 전통과 삶을 유지하고 건강을 보장하는 수단이다. 우리에게 소가 그러했던 것처럼 말이다. 그래서 그들은 순록을 존중하고 보물처럼

네네츠족 아이들과 순록. 원 안의 그림은 구석기시대에 사용한
주술용 북에 새겨진 것으로 여기저기 순록이 보인다.

아낀다.

　예를 들어 시베리아의 에벤키Evenki족은 야생의 순록을 사
냥해 고기를 얻고, 기르는 순록에게서 젖을 얻는다. 기르는
순록을 먹기 위해 죽이는 일은 매우 드물다. 만약 피치 못할
사정으로 그리해야 할 경우 순록의 영혼이 자신들을 보지 못
하도록 눈을 가리고 총 대신 칼을 써서 고통을 덜어준다. 또

한 아이와 노약자를 먹이기 위해 어쩔 수 없다는 용서의 말을 건넨다.

음식을 준비하는 과정, 즉 도살과 해체, 저장과 요리의 모든 과정도 허투루 하지 않는다. 요리하는 과정에서 유목민 사회의 유대감을 높이고, 고대부터 전해져온 지식을 다음 세대에게 전달하기 때문이다.

유목민은 순록의 모든 부위를 활용한다. 가죽으로는 옷을 만들고, 뿔과 뼈로는 공예품과 도구를 만든다. 고기와 내장, 피는 모두 음식 재료가 된다. 심지어 단단해지기 전의 뿔도 먹는다. 모든 부위를 활용하므로 다양한 요리법을 가지고 있다. 단 비장만은 예외다. 예로부터 비장은 먹지 않았고 개들에게도 주지 않았다고 한다. 오래된 혈구를 파괴해 피를 정화하는 장기가 비장이라는 점에서 그들의 지혜가 놀라울 따름이다.

순록 피로 만든 순대인 부유렌buyuren은 유목민에게 가장 보편적인 요리다. 지역에 따라 조리법과 식감, 색깔이 조금씩 다르다. 도살 즉시 만들고, 대부분 내장과 피로만 만들지만, 일부 지역은 순록 고기를 다져 넣기

부유렌. 아바이순대와
생김새도 맛도 비슷하다.

도 한다. 처음 보았을 때는 우리의 아바이순대와 비슷해 깜짝 놀랐다. 물론 맛은 훨씬 진하다.

순록 고기를 훈연하거나 건조하는 것은 오랫동안 저장하기 위한 가장 일반적인 방식이다. 특히 유목민에게 음식의 장기간 저장은 가족의 생명을 지키기 위해 매우 중요하다. 어느 정도 크기의 순록이 훈연이나 건조에 적합한지, 어느 계절에 하는 게 좋은지, 훈연에 쓸 나무는 어떤 종류여야 하는지 등은 수 대에 걸쳐 전해진다. 탕과 국도 발달했다. 특히 순록 머리를 고아 만든 국은 눈 주위의 살코기와 볼에 붙은 지방 덕분에 맛이 좋다. 우리의 소머리국밥이 생각나게 하는 요리다.

순록의 혀는 유목민이 가장 좋아하는 부위다. 인니inni라는 혀 요리는 만들기 쉽고 맛이 좋다. 하지만 중요한 규칙이 있다. 혀끝은 절대 먹지 않는다. 이는 고대부터 내려온 금기로 유목민 사이에는 상식으로 통한다. 혀끝을 먹으면 거짓말하게 된다는 이유에서다. 어떤 이는 영령들의 음식이므로 불 속에 던져야 한다고도 믿는다.

인니.
허끝을 먹지 않도록 조심한다.

순록 요리를 생각할 때면 두

사람이 떠오른다. 우선 내가 속한 한국해양수산개발원의 북극아카데미에서 교육받았던 알레나Alena. 그녀는 유목민 출신으로 국제순록목축센터International Centre for Reindeer Husbandry, ICR에서 일하고 있는데, 북극이사회에서 추진한 북극 요리 단행본 프로젝트를 주도했다. 그렇게 출간된 책은 2018년 구르망 어워즈Gourmand Awards에서 그 가치를 인정받아 최고 요리책 상을 받았다. 점점 사라져가는 북극의 전통을 음식으로 지켜가려는 노력이 높게 평가받았다.

또 한 명은 아이슬란드 주재 그린란드 대표부의 대표로 있는 절친 야콥 이스보셋슨Jacob Isbosethsen이다. 2016년 국제회의 참여차 그린란드의 수도 누크를 방문했을 때, 그는 미리 순록을 사냥해 다리 한 짝을 자기 집 냉동고에 저장해놓고 나를 기다리고 있었다. 그가 정성껏 구운 순록 다리를 안주 삼아 맥주와 함께 배부르게 즐겼던 기억이 생생하다. 구운 순록 다리와 맥주, 즉 '순맥'은 꽤 괜찮은 조합이었다. 2020년 그가 그린란드를 대표해 한국을 방문했을 때 내 답례는 소갈비 구이였다.

잔인해 보이지만 소박하고 따뜻한, 어쩌면 우리의 것과도

야콥이 대접해준 구운 순록 다리.
맥주와 먹기 좋다.

조금은 닮은 순수한 음식들. 그것은 가족에 대한 사랑과 삶에 대한 강한 의지, 자연에 대한 지혜가 담긴 북극 문화의 정수다.

얼음과 천둥,
바람의 노래

"오흠바 추크 오흠마 추크…." 북위 69도, 캐나다 누나부트 Nunavut준주의 북쪽 끝, 인구 1,500명에 불과한 외딴 오지 마을 케임브리지베이Cambridge Bay의 원주민센터에서 조용한 노래가 울려 퍼지기 시작한다. 고등학생처럼 보이는 원주민 소녀 둘이 서로 손을 잡고 사랑스러운 표정으로 마주 보며 몸을 좌우로 흔든다. 리듬에 맞춰 뜻도 알 수 없고 글로도 표현하기 어려운, 언뜻 듣기에는 신음 같은 노래가 점점 격정적으로 변하며 공간을 가득 채운다.

바로 호흡과 성대를 이용해 자연의 소리를 음악으로 표현하는 이누이트의 독특한 목노래Throat Singing다. 마주 선 두 여학생은 서로 얼굴을 바라본 채 숨소리와 의성어를 빈틈없이 주고받으며 노래를 이어간다. 마무리는 환한 웃음과 포옹이다.

사람의 소리인지 동물의 소리인지 구분되지 않을 만큼 오묘하다. 오랜 시간 북극의 차갑고 어두운 공간을 채워온 원시적 형태의 노래다. 그 속에는 눈과 얼음, 천둥, 바람, 동물, 사람이 내는 소리와 비명이 담겨 있다. 이곳 원주민은 이렇게 오롯이 자신의 몸만으로 자연을 표현하고 자연과 하나 되면서 이 극한의 땅을 수천 년간 지켜왔다. 2014년 초봄, 북극이사회 옵서버국가들의 대표단에 소속되어 케임브리지베이를 처음 찾았을 때의 경험이다.

북극 원주민은 무엇을 꿈꾸는가

———

원주민 소녀들은 자부심 가득한 공연을 마치고, 곧 그들이 사는 이야기를 들려주었다. 슬픔이 묻어나는 이야기였다. 비록 북극권의 오지 마을이기는 하지만, 통신까지 끊긴 곳은 아니라 인터넷으로 바깥세상을 자유롭게 돌아다닐 수 있다. 그러면서 보게 된 뉴욕 타임스 스퀘어의 신년맞이 불꽃놀이 축제와 파리 샹젤리제를 밝힌 화려한 조명, 아열대 지역 해변의 온화한 햇빛 등 다른 세상의 풍경은 이곳 젊은이에게 동경심과 상실감을 동시에 느끼게 하는 듯했다.

해외에서 온 손님과 마을 주민이 다 같이 즐긴 목노래가 끝나자 또래로 보이는 다른 여학생이 마이크를 잡았다. 그 소녀는 자신과 가족의 이야기를 하다가 끝내 울음을 터뜨리고 말았다. 전통문화를 보존하려는

목노래를 부르는 두 원주민 소녀. 마치 자연의 소리처럼 들린다.

부모 세대의 노력을 자랑스러워하면서도, 자기들이 아직 경험하지 못했고 앞으로도 그럴 기회조차 잡기 힘들 다른 세상에 대한 갈망이 터져 나온 것이다. 이내 어른들이 달래서 소녀는 울음을 그쳤지만, 그 순간 원주민 사회와 바깥세상 사이에서 갈등하는 그곳의 젊은이들이 안타깝게 느껴졌다.

이방인인 내 눈에 마냥 신비하고 멋지게만 보이던 마을의 풍광이 차츰 익숙해지자, 비로소 현실이 보이기 시작했다. 케임브리지베이 같은 북극권의 오지 마을은 대부분 영구동토층 위에 건설되었기에 1년 내내 땅이 얼어 있는 경우가 많다. 여름철에 잠시 따뜻해져도 지표면 일부만 녹는다. 따라서 땅속 깊이 파이프로 연결하는 상하수도는 꿈도 못 꾼다. 자재 확보와 설치가 어려울뿐더러 여름철이 지나면 곧 파이프가 얼어 터지기 때문이다. 그래서 집마다 생활용수를 직접 떠 나르고, 분뇨와 폐수를 수거하는 트럭을 운영한다.

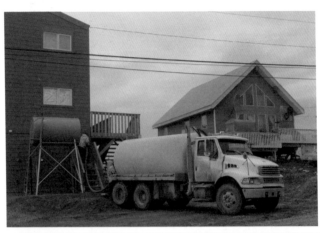

분뇨와 폐수를 수거하는 트럭과 저장 탱크.
케임브리지베이는 상하수도가 없어
각종 용수 공급과 쓰레기 처리가 매우 제한적이다.

인구 1,500명의 조그만 마을에 국제회의 참석차 100명이 넘는 이방인이 갑자기 몰려들자 생활시설이 제대로 작동하지 않았다. 특히 이방인의 물 소비량은 원주민보다 다섯 배이상 많아, 물이 금방 부족해졌다. 내가 일주일간 묵었던 게스트하우스도 이틀 만에 물이 동났다. 같이 간 동료는 머리에 샴푸를 칠하다가 물이 끊겨 수건으로 닦아내야 했다. 무엇보다 쓰레기와 폐수를 처리할 방법이 없어 마을 바깥쪽 외진 곳에 얕게 묻거나 쌓아두는 수밖에 없었다. 북극의 환경보호를 논의하려고 갔는데, 오히려 평화로운 마을을 오염시켰다는 죄책감이 밀려들었다.

케임브리지베이처럼 도로가 연결되지 않은 북극 지역에 집이나 각종 시설을 건설하려면 필요한 자재와 중장비를 모두 수천 킬로미터 떨어진 곳에서 배로 실어 날라야 한다. 캐나다가 북서항로와 북극 과학 활동의 거점으로 삼은 케임브리지베이에 야심 차게 건설 중인 찰스The Canadian High Arctic Research Station, CHARS기지도 같은 방식으로 건설되고 있었다. 필요한 자재를 몬트리올 등 남쪽 대도시에서 가져와야 할 뿐아니라, 바다가 얼지 않는 서너 달 안에 끝내야 하는 어려움을 총책임자인 마틴 레일러드Martin Raillard 소장에게서 들을 수 있었다.

북극권 8개국 중 캐나다는 러시아 다음으로 넓은 북극계선(북위 66.5도) 내 영토를 가지고 있다. 캐나다는 찰스기지뿐 아니라 나니시빅Nanisivik에도 해군기지를 건설 중이며, 항공운송 현대화, 원양 함선과 다목적 쇄빙선 건조, 북극해 대륙붕 조사 등을 진행하고 있다. 동시에 북극권의 자국 섬 사이를 지나는 북서항로를 내수內水로 선언하고 외국 선적의 통항을 엄격히 제한함으로써, 해당 항로를 국제항로로 주장하는 미국에 맞서는 중이다. 이런 조치들로 캐나다의 북극 지배력은 갈수록 커지고 있다.

원주민이 '좋은 낚시터'라는 뜻으로 이콰루툭티악Iqaluktuuttiaq이라고 부른 케임브리지베이는 1921년 마을로 등록되었고, 이후 냉전이 한창이던 1957년 미국이 소련의 비행기와 대륙간탄도미사일을 탐지하기 위해 레이더기지를 설치하며 전략적 요충지로 변모했다. 특히 기지 건설에 참여한 원주민이 그대로 눌러앉으며 지금의 모습이 되었다. 이후 이곳은 북서항로가 시작되는 캐나다의 관문으로서 지정학적 가치를 높여가고 있다.

회의가 끝나는 마지막 날, 놀라운 일을 두 번 겪었다. 하나는 원주민센터에서 열린 환송 파티에서 경험한 일이었다. 화려한 전통 복장으로 멋을 낸 원주민의 패션쇼를 보다가 무심

코 벽에 걸린 액자들에 눈길이
미쳤다. 이 마을에서 살다가 돌
아가신 분들의 초상화였는데,
그분들의 생전 모습을 너무나
있는 그대로 담아내 놀라웠다.
보정이 얼마든지 가능했을 텐
데도, 그분들의 장애와 아픔을

선조의 초상화.
삶의 흔적을 있는 그대로 표현한다.

고스란히 초상화에 담았다. 이유를 물으니 그렇게 해야 그분
들의 기억을 오래도록 생생하게 간직할 수 있기 때문이라는
답이 돌아왔다. 그린 이와 자손의 진정성이 그 어떤 화려한
기법보다도 깊은 감동을 주었다.

또 하나는 한국계 캐나다인과의 만남이었다. 바로 당시 케
임브리지베이의 유일한 변호사로 활동하던 글로리아 송Gloria
Song이다. 지금도 그곳에 살고 있는지는 모르겠지만, 30대 초
반의 나이에 원주민의 인권과 빈곤 문제 해결을 위해 열심히
일하는 그녀의 모습이 존경스러웠다.

케임브리지베이에서 내가 속한 세상으로 다시 나오기 위
해 기착지인 에드먼턴Edmonton으로 가는 길은 만만치 않았다.
완행버스인 양 비행기가 간이 공항 세 곳을 들렀다. 한 곳에
서는 비가 심하게 내려 비포장 활주로가 물러지자 다시 마를
때까지 비좁은 조립식 가건물에서 꼬박 세 시간 가까이 대기

해야 했다. 또 다른 곳에서는 10대 초반으로 보이는 원주민 소년, 소녀가 담배를 피우고 있었는데, 그 모습이 무척 마음 아팠다. 그렇지만 이 공항들은 북극권의 고립된 마을에 사는 이들에게 생명줄임이 틀림없다. 언젠가 저 소년, 소녀가 마음속 희망대로 더 넓은 세상과 자유롭게 왕래하기를 바랄 뿐이다.

고립된
얼음 왕국

최대 3,000미터라는, 백두산 높이보다 더 두꺼운 얼음이 한
반도 면적의 열 배가 넘는 땅의 80퍼센트를 덮고 있고, 그 얼
음의 엄청난 무게로 영토의 중심부가 해수면보다 300미터
가까이 낮은 곳이 있다. 바로 그린란드다. 이름과 달리 북반
구에서 얼음을 가장 많이 품고 있어 얼음 창고 같은 땅이다.

2016년 국제회의 참석을 위해 방문했을 당시 수도 누크와
연결된 국제선은 딱 하나 있었다. 한때 같은 덴마크령이었
다가 1918년 독립한 아이슬란드의 수도 레이캬비크Reykjavik의
공항에서 출발하는 편이었다. 덴마크 본국과의 직항로조차
개설되지 않은 것인데, 활주로 여건상 누크에서는 대형 비행
기의 이착륙이 불가능하기 때문이다. 이 문제는 최근 미국과

중국이 그린란드에서 맞붙는 원인이 되기도 했다.

부산에서 출발해 인천과 핀란드 헬싱키Helsinki, 레이캬비크를 경유한 비행기가 그린란드 동쪽 해안에 접근하자 '얼음 왕국'의 낯설고 거대한 하얀 모습이 서서히 눈에 들어왔다. 봄을 맞은 5월, 누크의 앞바다에는 드문드문 얼음이 떠다녔지만, 낮에는 사람들이 반팔을 입고 다닐 정도로 온화한 날씨였다. 물론 겨울이 되면 전혀 다른 모습을 보이겠지만 말이다.

빙하氷河에서 떨어져 나온 얼음을 바다에서 건져 만들었던 위스키 온더록스와 라면의 맛이 아직도 생생하다. 지구 북반구에서 차갑게 보존된 마지막 청정 지역인 그린란드에서만 가능한 짜릿한 경험이었다.

역사의 향방을 좌우한 기후변화

———

지구 북반구 끝에 놓인, 삭막할 정도로 희디흰 삼각형 모양의 거대한 땅에는 누가 어떻게 살아가고 있을까. 이 땅에는 세계 인구의 0.0008퍼센트인 5만 6,000명 정도의 사람이 살고 있다. 인구 밀도는 1제곱킬로미터당 0.03명에 불과하다. 지구상에서 독립된 영역을 가진 곳 중 인구 밀도가 가장 낮다. 서울 강남구에 단 한 명만 사는 수준이다. 어디를 가나 인파로 붐비고 식당에서조차 줄을 서서 기다려야 하는 우리로서는 상상할 수 없는 여유로움이다. 하지만 도시와 도시가 바닷길이나 하늘길로만 연결되므로 대부분의 공간은 고립되어 있고, 이 때문인지 안타까운 일도 생긴다.

최근 감소하고는 있다지만 그린란드의 자살률은 인구 10만 명당 83명에 달한다. 경제협력개발기구Organisation for Economic Co-operation and Development, OECD 회원국 중 10년 넘게 자살률 1위를 차지하고 있는 우리나라와 비교해도 세 배가 넘는 수치다. 인구가 많지 않은 그린란드로서는 가장 심각한 사회 문제다.

그렇다고 그린란드가 마냥 우울한 사회는 아니다. 원주민어로 '곶'을 의미하는 누크의 또 다른 이름은 덴마크어로 '희망'이란 뜻의 고트홉Godthab이다. 300년 전인 1721년 5월 덴마크인 선교사 한스 에게데Hans Egede가 노르웨이 베르겐Bergen을 떠나 그린란드로 향하면서 가슴속에 품은 단어가 바로 희망 아니었을까. 희망이 성취되었는지는 알 수 없지만, 그의 동상이 세워진 바닷가 언덕에 오르면 300년 만에 완전히 현대화된 모습을 갖춘 북극 도시 누크를 볼 수 있다.

그린란드의 역사는 기후변화와 긴밀한 관계를 맺는다. 마

에게데와 아이들.
300년 전 그린란드를 탐험한 에게데의 동상 뒤로
현대화된 누크의 모습이 보인다.

지막 빙하기에 아시아와 북아메리카가 연결되었을 때 '신대륙'으로 건너온 대담한 사람들은 마침내 기원전 2500년경 북아메리카의 동쪽 끝 그린란드에 도달했다. 8세기 초부터 약 300년간 무인도로 방치되기도 했지만, 10세기 말 기온이 따뜻해지면서 다시 상황이 바뀌었다. 북유럽의 용맹한 바이킹이 바다 건너 서쪽으로 모험을 떠나면서 그린란드까지 진출했다. 중앙아시아에서 동서로 갈라진 인류가 수십만 년 만에 지구 반대편 얼음의 땅에서 너무나 달라진 모습으로 마침내 다시 만나게 된 것이다.

15세기 중반 소빙하기가 도래하면서 바이킹은 떠났지만, 이후 에게데의 탐사와 선교 활동으로 그린란드는 계속해서 유럽의 영향을 받았다. 그러다가 1814년 불행히도 덴마크의 식민지가 되면서 서구 문명에 종속되고 말았다.

21세기 들어 이번에는 인간 활동 탓에 기후가 다시 요동치자, 그린란드에 관심이 집중되는 것은 단순한 우연의 일치일까. 환경적으로는 그린란드 빙상氷床이 급속히 녹으면서 북대서양의 해양 환경이 크게 변화하고, 전 세계적으로 해수면이 상승할 것이라는 우려가 고조되고 있다. 정치적으로는 독립국가를 지향하는 그린란드의 목소리가 점차 커지는 중이다. 1953년 식민지 상태를 벗어나 덴마크령으로 편입되었고, 1979년부터 자치권을 확대, 2009년에는 국방과 외교권을 제외한 자치권을 확보하며 점차 독립의 길을 걷고 있다.

그런데 최근 중국이 북극 진출을 위해 누크 등 그린란드 곳곳의 공항 개발에 참여하고 자원 관련 산업에 투자하려는 등 전략적 행보를 이어가자 미국은 그린란드 매입이라는 예상치 못한 승부수를 던졌다. 물론 그린란드와 덴마크는 미국의 제안을 일언지하에 거절했지만, 66년 만에 미국 영사관을 재설치하기로 합의했다. 이는 미국과 중국, 러시아의 '북극 대전'이 수면 위로 떠오르게 한 사건이었다. 에게데가 도착한 지 꼭 300년이 지난 지금, 동토의 어마어마한 정치적·경제적·환경적 잠재력이 기후변화를 계기로 다시 한번 부각되면서, 그린란드는 명실상부 세계적으로 가장 뜨거운 지역이 되고 있다.

땅이 대부분 얼음으로 덮여 있다 보니 그린란드의 경제는 바다가 지배한다. 수출액의 90퍼센트를 수산물로 벌어들일 정도다. 그린란드해에서 잡힌 수산물은 유럽은 물론 일본과 중국에서도 인기다. 특히 우리의 상상을 가볍게 넘어서는 엄청난 크기의 넙치가 유명하다. 가장 장수하는 척추동물인 그린란드상어도 이곳에 산다. 400년 정도 살 것으로 추정되는데, 백오십 살이 넘어야 번식할 수 있는 성숙도를 갖춘다고 한다. 그린란드해는 17세기와 18세기에 고래를 잡는 사냥터이기도 했다.

누크 해변의 빙산 부스러기.
기후변화는 그린란드의 역사에 큰 영향을 미쳐왔다.
특히 각종 지하자원의 막대한 매장량은 얼음이 사라진 얼음 왕국의 미래에
강대국들이 관심을 기울이는 이유다.

그린란드의 유일한 한국 사람 김인숙 씨.
2017년 그린란드 북서부의 도시 까낙(Qaanaaq)을 찾았을 때 사진이다.

우리나라와 그린란드는 아직은 협력 분야가 많지 않지만, 과학 분야와 자원 개발 분야에서의 협력이 조금씩 확대되고 있다. 2016년 방문 당시 만난 그린란드 외무부 장관 비투스 쿠야우키족Vittus Qujaukitsoq은 한국의 첨단 과학기술과 해양 산업 분야의 역량이 그린란드의 발전에 큰 도움이 될 것으로 기대했다. 스스로 태권도와 김치를 너무 좋아하는 친한파라고 여러 번 강조한 그는, 한국 방문 시 본 어른을 공경하는 문화가 이누이트의 그것과 너무나 유사하다며 놀라워했다.

그린란드에는 한국 사람이 딱 한 명 산다. 10여 년 전 이곳을 여행하다가 마음을 빼앗겨 2015년부터 누크에 살고 있는 김인숙 씨가 그 주인공이다. 지금은 그린란드 관광청에서 일하고 있는데, 외국인 최초로 그린란드대학교에 입학해 석사 과정을 밟았고, 2018년 그린란드 사람과 결혼해 정착했다. 2019년 9월에는 《그린란드에 살고 있습니다》라는 책을 출간해 얼음 왕국에서의 일상을 우리에게 처음으로 소개했다. 책을 보면 케이팝이 그린란드에서 '코리안 스타일 커트'라는 헤어스타일과 한국 화장품을 유행시켰다고 한다. 또한 그녀가 소개한 한식 조리법과 한국식 라면이 현지인 사이에서 큰 인기를 끌기도 했단다. 문화의 힘이다. 아직은 미약한 우리와 그린란드의 인연이 과학과 바다, 문화, 무엇보다 사람을 통해 더욱 깊어지고 아름다워지길 바란다.

이누이트의
눈물

"쿵! 쿵! 쿵!" 바다에 떠 있는 얼음들이 조그만 배의 선체와 무심히 부딪힌다. 커다란 얼음은 피하면서 구불구불 이어진 검푸른 피오르fjord(협만)를 따라 한 시간여 물살을 갈랐다. 갑자기 큰 호수로 들어선 듯 협만이 넓어졌다. 만년설을 덮어쓴 뾰족산과 그 산에서 떨어지는 폭포를 지나니 한 폭의 그림 같은 섬마을이 나타났다. 조그만 십자가를 올린 교회, 학교, 그린란드 특유의 빨강, 노랑, 파랑 색색의 주택들. 일행을 데리고 온 배의 엔진이 꺼지고 나니 섬마을에 완벽한 정적이 흘렀다. 마을 회관에 걸려 있는 깃발만이 미풍에 조금 흔들릴 뿐, 새조차 한 마리 찾아볼 수 없었다. 마치 적막한 방음부스에 들어온 듯한 느낌이다. 극지방이라 나무가 없는 때문일까. 공기는 청정 그 자체이지만, 아무것도 느껴지지 않는 무색무취. 해발 20미터 남짓한 마을 정상에 올라서니 흰색 십자가 다섯 개가 삐뚤빼뚤 외롭게 꽂혀 있다. 이곳에 태어나 살다 간 이들의 마지막 흔적이다.

누크 인근의 외딴 섬마을 꼬옥녹Qoornoq의 모습이다. 2016년 5월 나와 일행이 꼬옥녹을 찾았을 때 그곳에서 단 한 사람의 여인을 만날 수 있었다. 예순 남짓 되어 보이는 그녀는 이곳이 태어난 고향이지만, 사는 곳은 아니라고 했다. 얼음이 녹아 배를 탈 수 있는 여름이 오면 휴양차 한두 달 꼬옥녹에 돌아와 머무르다 돌아간다고 했다. 그녀의 오두막에는 태양광 패널이 설치되어 있어, 전기가 들어오고 온기가 돌았다. 주방 창 너머로 세상 어디에서도 찾아보기 어려운 그림 같은 풍경이 펼쳐져 있었다. 눈 덮인 봉우리 셋, 계곡과 폭포, 전나무숲으로 꾸며진 전형적인 '이발소 그림'은 이런 지구촌 숨은 절경을 모델로 하고 있음이 틀림없다는 생각이 들었다.

그녀처럼 마을 사람들은 섬을 뒤로 한 채 모두 도시로 떠났다. 그린란드 기록에 따르면, 꼬옥녹에 처음 사람이 산 것은 무려 기원전 2200년경으로 거슬러 올라간다. 지금도 마을 곳곳에 원주민인 이누이트들이 사용했던 도구와 주거지 등 고고학적 흔적이 남아 있다고 한다. 그들은 개썰매를 타고 북극곰을 사냥하고, 해빙海氷이 녹는 여름철에는 카약을

꼬옥녹의 십자가.
이제는 아무도 살지 않는 이곳을 십자가 몇 개만이 쓸쓸히 지키고 있다.
나무 없는 풍경이 황량한 분위기를 더한다.

타고 물고기와 물개, 바다표범, 일각고래를 사냥해 살았다. 꼬옥눅 사람들이 마지막으로 마을을 떠난 건 1972년. 이제는 그 시절 마을의 소년, 소녀들이 반백의 머리를 하고 여름철 휴양지 삼아 이곳을 찾을 뿐이다.

변화하는 삶과 강요되는 적응

이누이트들은 왜 이런 그림 같은 마을과 삶을 버리고 도시로 갔을까. 그들은 가족 단위로 수렵 생활을 하면서 수천 년을 살아왔다. 이 때문에 그들을 통치할 국가나 기구가 존재할 수 없었고, 그럴 필요도 없었다. 자연스럽게 중심 도시 같은 집단 거주지도 없었다. 하지만 20세기 중반부터 서구 문명의 본격적인 침범과 함께 전통적 삶을 포기하는 이누이트가 생겼다. 시장 경제와 임금 노동을 바탕으로 하는 도시가 생겼고, 현대적 삶을 추구하는 이들이 늘었다. 국가와 정부라는 지배 체제가 생기고, 이런 국가 조직이 국민을 대상으로 세금을 걷고, 미성년자를 교육하고, 지원했다. 정치를 하기 위해서라도 가족이나 부족 단위의 거주보다는 많은 사람이 모여 사는 도시 형태의 삶이 유리했던 측면도 있다. 그린란드를 관할하는 덴마크 정부가 외딴곳에 점점이 흩어져 살아오던 원주민들을 도시로 불러 모았다는 말도 들었다. 실제로 누크의 번화가 한가운데에는 1950~60년대 건설된 복도식 아파트가 길게 늘어서 있다. 당시 덴마크 정부가 펼쳤던 도시화·현대화 정책의 산물이다. 지금은 사라져 공터로 변했지만, '블록 P_Block P'라는 이름의 가로 길이가 200미터에 이르는 거대한 아파트도 있었다고 한다. 그 아파트에 그린란드 인구의 1퍼센트가 살았단다. 그렇게 한반도의 열 배가 넘는 광활한 땅에 살아오던 5~6만 명의 이누이트가 누크와 일룰리셋_Ilulissat, 까꼭똑_Qaqortoq 등 몇몇 도시로 몰려들었다. 그 결과 꼬옥녹과 같이 소멸된 마을들이 생겨났다. 그린란드판 이촌향도_離村向都가 일어난 것이다.

전통적 삶을 누리던 고향 마을을 떠난 이누이트들이 도시에 모여 살 때는 부작용이 있을 수밖에 없었다. 수렵을 생계 삼던 이누이트들이 갑자기 도시로 나와서 할 수 있는 일은 그리 많지 않았다. 누크 도심 광장에 좌판을 펼쳐놓고 물고기와 물개 고기를 팔던 남루한 행색의 이누이트들을 기억한다. 도심에 몇 안 되는 술집_pub 중 한 곳에 낮부터 모여 술을 마시고 취해 있던 또 다른 수많은 이누이트의 모습도 인상적이었다.

그 결과가 세계 최고 수준의 자살률이다. 세계보건기구 World Health Organization, WHO에 따르면 그린란드는 인구 10만 명

누크 도심 광장의 좌판.
이누이트들에게 생계 활동을 위한 선택지는 그리 많지 않다.

당 자살률이 82.8명으로 세계에서 가장 높다. 취재 중 만난 누크 시장 아시 켐니츠 나룹Asii Chemnitz Narup은 "그린란드 전체 인구 5만 6,000명 중 일주일에 한 명 이상 자살자가 나온다"라고 말했다. 경제협력개발기구 회원국 중 자살률 1위라는 우리나라(2018년 기준 26.6명)가 비교가 안 될 정도다. 주원인은 바로 갑작스러운 삶의 변화일 것이다. 전통 사회 붕괴에 따른 두려움과 우울증, 상대적 박탈감, 알코올 의존증, 백야로 인한 불면증 등이 자살 원인으로 꼽힌다고 한다. 그린란드 정부는 주민들의 과도한 주류 구입을 막기 위해 슈퍼마켓에서

술을 살 수 있는 시간을 제한하고 있었다.

2010년 개봉한 〈북극의 후예 이누크〉는 이런 그린란드 원주민들의 고뇌를 담은 영화다. 정통 이누이트의 후예인 열여섯 살 이누크는 어린 시절 사고로 북극곰 사냥꾼인 아버지를 잃고 엄마와 함께 도시에서 생활한다. 하지만 엄마는 알코올중독자. 늘 술에 취해 있는 엄마의 모습을 견딜 수 없었던 사춘기 소년 이누크는 결국 집을 나온다. 사회복지시설에 정착한 소년은 그곳 또래 아이들과 전통 이누이트 사냥꾼의 원정에 참여하게 된다. 삶의 의미를 찾지 못해 방황하던 이누크는 이 여행을 통해 자신의 몸속에 사냥꾼의 피가 흐르고 있다는 것을 알게 된다.

그린란드에는 또 다른 슬픈 역사가 존재한다. 그린란드를 다스리는 덴마크 정부는 1951년 이누이트 아이들을 '덴마크 사람'으로 '개조'하는 실험을 한다. 멀쩡히 부모가 있는 이누이트 아이들을 덴마크 본토로 데려와 위탁 가정에 입양하는 프로젝트였다. 취지는 그럴싸했다. '아이들이 그들의 조상처럼 수렵과 어업만으로 살 수 있는 시대는 지났다. 덴마크에 가면 더 나은 삶을 살 수 있다. 어른이 되면 덴마크와 그린란드의 관계를 이끌 모델이 될 것이다.' 막연한 장밋빛 미래가 그려졌다. 스물두 명의 아이가 덴마크의 수도 코펜하겐Copenhagen으로 거처를 옮겼다. 덴마크 정부는 교육 목적에 따라 이들이 가족과 연락하지 못하게 했다. 하지만 부모와 떨어진 아이들은 덴마크 현지 적응에 실패했다. 이누이트어도, 덴마크어도 제대로 구사하지 못하는 이방인이 되었고, 결국 어느 사회에도 적응하지 못하게 되었다. 실험은 실패로 판명났지만, 다시 부모 품으로 돌아갈 수도 없었다. 덴마크 정부는 이들을 그린란드의 고아원에 수용했다. 결국 대부분의 아이가 부모나 가족을 다시 보지 못한 채 세상을 떠나야 했다.

그린란드는 눈이 부시도록 아름답다. 국제연합교육과학문화기구United Nations Educational, Scientific and Cultural Organization, UNESCO에 등록된 세계자연유산 일룰리셋 빙하와 그림보다 더 그림 같은 옛 원주민의 마을 꼬옥녹은 누구든 인생 '버킷리스트'에 올려놓고 싶을 정도로 뛰어나다. 또 비록 얼음에 묻혀 있지만 어마어마한 자원 잠재력을 가지고 있다. 하지만 이런 아름다움과 잠재력의 뒷면에는 수천 년간 이어온 전통의 삶을 갑자기 잃어버리고 방황하는 '이누이트의 눈물'이 있다는 사실 또한 잊지 말아야 한다. 그것을 이해해야만 그들의 진정한 친구가 될 테다. 그린란드를 떠나던 날, 활기찬 누크와 아름다운 일룰리셋, 사라진 옛 마을 꼬옥녹에서 그들의 험난했던 현대사의 기억을 엿본다.

썰매개는 모두
어디로 갔는가

그린란드견, 일명 썰매개. 뾰족한 귀와 날카로운 눈매부터 누렁이와 흰둥이, 간혹 보이는 네눈박이까지, 언뜻 보면 진 돗개를 무척 닮았다. 무거운 쇠줄에 묶인 채 북극의 긴 백야 가 지루하다는 듯 온종일 바닥에 늘어져 있다. 가까이서 보 니 진돗개보다 훨씬 크고 위협적이다. 낯선 사람이 다가가자 이내 조용하던 북극 하늘을 개 짖는 소리로 가득 채운다. 짖 는다기보다는 늑대의 하울링에 더 가까운 소리다. '썰매개의 수도'라 불리는 일룰리셋에서 만난 그린란드견의 모습이다. 얼마나 많은지 거의 인구수와 비슷하다.

그린란드견은 수천 년 전 이누이트와 함께 시베리아에 서 알래스카와 캐나다를 거쳐 그린란드로 들어왔다. 이후

4,000년 동안 눈과 얼음으로 덮인 동토에서 이누이트의 사냥과 고기잡이, 이동을 도왔다. 다만 최근에는 스노모빌에 그 자리를 내주고, 관광객의 개썰매 체험에 더 많이 이용된다고 한다. 게다가 기후가 변해 여름이 길어지면서 쇠줄에 묶여 있는 시간도 그만큼 길어졌다.

남극을 정복한 북극의 개들

개는 사람과 각별한 유대감을 공유하는 동물이다. 의리와 희생정신, 용맹함으로 우리를 자주 놀라게 한다. 극지라는 혹한의 공간에서도 마찬가지다. 그린란드견은 특유의 용맹함과 복종심, 끈질긴 성격으로 극한의 땅에서 사냥하고 썰매를 끌며 사람을 지킨다. 북극 사람들에게 없어서는 안 될 가족이자 동료다. 지구 반대편인 남극에서도 개는 수많은 기록을 남겼다. 약 100년 동안 그들은 남극 개척의 믿을 수 있는 동료였다.

세계 최초로 남극점을 정복한 아문센과 두 번째로 발을 디딘 로버트 스콧Robert Scott은 각각 노르웨이와 영국을 대표하는 탐험가다. 이들은 1911년 말 남극점을 향해 편도 1,700여 킬로미터의 경주를 펼쳤다. 아문센 탐험대는 프람Fram호를 타고 1911년 1월 14일 로스Ross해에 도착한 후, 10월 20일 베이스캠프를 출발해 12월 14일 남극점에 도달했다. 이후 출발 99일 만에 탐험대 전원이 베이스캠프로 무사히 돌아왔다.

반면 스콧 탐험대는 테라노바Terra Nova호를 타고 아문센 탐험대보다 10일 빠른 1911년 1월 4일 로스해에 도착하지만, 11일이 늦은 11월 1일에야 베이스캠프를 출발했다. 결국 34일 늦은 1912년 1월 17일 남극점에 도달하지만, 돌아오는 길에 안타깝게도 전원 사망했다. 출발한 지 150일 만의 참사로, 베이스캠프를 240킬로미터, 다음 저장소를 불과 18킬로미터 남겨둔 곳이었다.

당시 아문센 탐험대는 빨리 출발했으나 인류가 한 번도 가본 적 없는 새로운 경로를 택했고, 스콧 탐험대는 출발은 늦었으나 같은 영국 사람인 어니스트 섀클턴Ernest Shackleton이 남위 88도 23분까지 도달한 경로를 택했기에, 아무도 결과를 예측할 수 없었다. 다만 후세에 승부를 결정한 여러 요인을 분석했는데, 그중 하나가 개의 활용법 차이였다고 한다.

아문센 탐험대는 이동 수단으로 오직 개썰매만을 이용하기로 하고, 북극 원주민 조련사를 고용해 쉰두 마리의 그린란드견을 엄선, 훈련해 남극으로 데려갔다. 반면 스콧 탐험대는 개썰매로 어려움을 겪었던 일이 있어 말과 많은 비용을 들여 제작한 스노모빌을 이동 수단으로 활용했다. 이 차이가 승부를 가른 것이다.

아문센 탐험대의 그린란드견은 북극의 추위에 익숙한 덕분에 남극에도 쉽게 적응했다. 개썰매는 북극의 전통적인 이동 수단으로서 역사가 오래되었다. 덕분에 숙련된 조련사의 지시대로 남극의 모든 지형을 극복했다. 게다가 탐험 중 포획한 펭귄, 물개 등을 먹여 먹이를 따로 준비할 필요도 없었다. 이로써 짐의 양과 부피를 최소화할 수 있었다. 이처럼 아문센 탐험대는 철저히 전략적으로 개를 활용했다. 탐험의 마지막까지 살아남은 개는 열한 마리에 불과했다. 나머지 마흔한 마리는 탐험대와 다른 개들의 식량이 되었다.

반면 스콧 탐험대가 데려간 열일곱 마리의 말은 남극 도착 직후 바로 절반이 죽어버렸다. 당연하게도 말의 먹이는 남극에서 조달할 수 없으므로 처음부터 전부 가지고 다녀야 해 짐도 크게 늘었다. 게다가 말은 무게가 많이 나가 남극의 설원에서 속도가 크게 떨어졌다. 크레바스 같은 불규칙한 지형에서 짐을 싣고 이동하는 데도 큰 어려움을 겪었다. 스노모빌은 엔지니어가 합류하지 못해 거의 무용지물이었다.

이러한 이유로 스콧 탐험대는 출발이 늦어졌고 이동 효율성도 크게 떨어졌다. 결국 첫 남극점 정복이라는 명예를 아문센 탐험대에게 넘겨준 데다가, 탐험대 전원이 사망하는 비극적인 결과마저 맞았다. 스콧 탐험대도 노르웨이의 대탐험

아문센 탐험대(위)와 스콧 탐험대(아래).
그린란드견들과 남극점을 정복한 아문센의 모습이 인상적이다.
아래 사진의 인물 중 왼쪽에서 두 번째가 스콧이다.

가 프리드쇼프 난센Fridtjof Nansen의 조언을 듣고 개를 준비하기는 했지만, 어디까지나 보조 수단이었다. 영국 사람 특유의 개를 향한 각별한 애정이, 개를 극한의 환경에 두거나 식량으로 쓰는 극단적인 상황을 피하게 했을 수 있다. 여하튼 순수하고 공평한 자연의 힘 앞에 인간이 만든 기계보다 자연에 순응하고 진화한 개가 진가를 발휘했음은 분명하다.

아문센 탐험대가 남극점에 도달했을 때 열여덟 마리의 그린란드견이 함께 있었다. 개썰매 구조상 어쩌면 사람보다 몇 초 먼저 남극점을 밟았을지 모를 일이다. 아문센이 남극점에서 찍은 사진에도 그 개들은 떡하니 한자리를 차지하고 있다. 사람이 먼저인지 개가 먼저인지는 모르겠지만, 확실한 것은 사람을 제외한다면 최초로 남극점을 밟은 동물은 개라는 사실이다.

사실 남극과 개의 인연은 아문센과 스콧의 남극점 탐험 훨씬 이전인 1899년 2월 17일 영국 탐험대가 일흔다섯 마리를 데리고 오면서부터 시작되었다. 이후로 남극에서 개의 역사는 100여 년간 계속되었다. 혹한의 환경 속에서 인간이 탐험과 과학 활동을 이어가는 데 결정적인 역할을 해왔다. 하지만 1994년 2월 22일 마지막 열네 마리가 영국의 로테라Rothera기지를 떠나면서 더는 남극에서 개를 볼 수 없게 되었다. 남극에 관한 국제협정인 마드리드의정서에 따라 외래종

묶여 있는 그린란드견들.
오늘날 그린란드견은 삶의 대부분을 묶인 채 보낸다.
그들의 용맹함이 사라지는 듯해 안타깝다.

의 남극 유입을 제한했기 때문이다. 실제로 개가 퍼뜨릴 수 있는 질병이 남극의 야생동물에게 큰 위협이 될 수 있다.

남극에서의 초기 성과가 북극에서 데려간 그린란드견 덕분이었다니, 개와 인간의 인연을 다시 보게 된다. 동시에 그들의 희생에 미안한 마음도 든다.

이제 그린란드견은 자연에 도전할 일이 거의 없다. 기후변화는 북극의 얼음 땅을 줄여 사냥이나 어업 활동을 위축시켰고, 자연스레 개썰매도 예전만큼 활용하지 않게 되었다. 관광객에게 개썰매를 체험시켜주는 정도가 고작이다. 더욱 안타까운 점은 관광객이나 외래종을 따라 틈입한 질병들로 많은 그린란드견이 죽었다는 것이다. 오늘날 그들의 삶은 대부분 묶여 지내는 시간으로 채워지고 있다. 100여 년 전 남극을 정복했던 용맹함도 같이 사라져가는 중이다.

2장

사라져가는 것의
두 얼굴

북극의 자연환경과 온난화

빙하가 움직이는 속도,
하루 40미터

'빙산'이라는 뜻의 일룰리셋. 자연이 얼음과 눈으로만 빚어낸 조각 작품, 빙산과 직접 맞닥뜨리는 경험은 경이로움 그 자체다. 빙산은 말 그대로 산이다. 특히 해수면 위로 100여 미터 넘게 솟아오른 푸르른 흰빛의 빙산 아래 서보면, 그 거대함에 압도되어 숙연해지기까지 한다. 물론 그보다 아홉 배 넘는 크기의 덩어리가 해수면 밑에 감춰져 있다.

이처럼 빙산은 태곳적 자연 풍경으로 우리를 놀라게 한다. 하지만 그것이 다가 아니다. 빙산은 바다표범이나 북극곰, 바닷새 같은 북극 동물의 휴식처이자 사냥터이고, 다른 해역보다 영양분이 부족한 북극 바다로 토양의 영양분을 옮겨다주는 중요한 전달자다. 그래서 티 없이 깨끗해 보기 좋은 빙산보다는 흙이나 자갈 등으로 지저분해 보이는 빙산이 사실 생태계에는 더 중요하다. 다만 무엇이든 항행하는 인간에게는, 실제 크기의 90퍼센트가 물속에 잠겨 있으므로 큰 위협이 된다. 그래서 일각一角만으로 빙산을 평가해서는 안 된다.

삶은 계속된다

빙상이나 빙하에서 빙산이 분리되는 속도와 빈도, 규모는 온난화를 가장 잘 설명해주는 지표다. 일룰리셋의 캉이아Kangia 피오르 입구는 만년설에서 흘러내린 빙하 승믁꾸얄륵Sermeq Kujalleq이 바다와 만나면서 빙산으로 조각나는 곳이다. 150년 넘게 이어진 기후변화를 보여주는 상징적인 장소이기도 하다. 승믁꾸얄륵이 1850년 이후 약 100년간 이동한 거리와 최근 20년간 이동한 거리를 비교해보면 온난화가 얼마나 급속히 진행되는지 알 수 있다.

승믁꾸얄륵은 2004년 세계자연유산으로 등록되었을 정도로 가장 이름난 빙하다. 캉이아피오르 입구에 있는, 인구 5,000명 남짓의 그린란드 제3의 도시 일룰리셋의 뜻이 빙산인 이유다. 일룰리셋에서 볼 수 있는 빙산들은 승믁꾸얄륵을 따라 40여 킬로미터를 흘러온 것이다.

하루 이동 거리가 무려 40미터에 이르므로 승묵꾸얄룩은 세계에서 가장 빠르고 격렬하게 흐르는 빙하다. 그렇다 보니 거대한 빙산이 그 크기를 유지한 채 일룰리셋까지 오는 경우가 흔하다. 캉이아피오르 입구를 하늘에서 보면 크기를 가늠할 수 없을 정도로 거대한 유빙流氷들이 북대서양으로 향하고 있다.

1912년 절대 침몰하지 않는다고 호언장담하던 타이태닉Titanic호의 첫 항해를 마지막 항해로 만든 유빙도 일룰리셋에서 태어나 북대서양으로 흘러간 것으로 알려져 있다. 타이태닉호의 침몰로 충격받은 국제 사회는 이후 국제유빙감시대International Ice Patrol, IIP를 설치해 지금까지 100년 넘게 운영하고 있다.

2008년 5월 북극해에 접해 있는 미국, 러시아, 그린란드(덴마크령이지만 고도의 자치권 보유), 캐나다, 노르웨이 등 다섯 개 연안국의 외교부 장관들이 일룰리셋에서 만나, 남극과 달리 북극에는 국제연합United Nations, UN의 '해양법에 관한 국제연합 협약United Nations Convention on the Law of the Sea, UNCLOS' 외에 새로운 규범이 필요 없음을 선언했다. 즉 연안국들이 북극해 관리를 주도하겠다고 밝힌 것이다. 불과 1년 전 북극 해빙이 관측 사상 최저 수준으로 줄어들어 세계인의 주목이 집

빙하 승묵꾸알록.
캉이아피오르를 따라 흘러내리며 물결 같은 무늬를 만들고 있다.

일룰리셋 앞바다의 빙산들.
빙하가 바다를 만나 부스러진 것이다.

중된 가운데, 이런 선언이 발표되어 큰 논란을 일으켰다. 왜냐하면 북극해에는 모든 국가가 권리를 가지는 공해가 존재하기 때문이다.

꼭 10년이 지난 2018년 10월 이들 연안국과 다섯 개 비연안국 대표들이 일룰리셋에 모였다. 과학적 근거가 마련될 때까지 북극해의 약 20퍼센트를 차지하는 공해에서의 수산업 활동을 16년간 유보하는 예방적 조치를 합의하기 위해서였다. 이 합의에서 눈여겨볼 점은 최초로 북극 관련 협정에 비북극권 국가들이 직접 참여했다는 것이다.

2018년 합의에 서명한 비연안국은 유럽연합European Union,

EU, 아이슬란드, 중국, 일본 그리고 한국이다. 유럽연합에는 핀란드, 스웨덴 등 북극권 국가가 가입되어 있고, 아이슬란드도 북극권 국가라는 점에서 실질적인 비북극권 국가는 중국, 일본 그리고 한국의 3개국이다. 이 합의로 우리나라는 북극해에 관한 과학적 정보를 확보하고, 북극해의 지속 가능한 이용을 논의하는 데 더욱 깊숙이 관여할 수 있게 되었다. 북극 문제에 아시아 국가들이 핵심 이해관계국으로 참여하는 것은 10년 전에는 생각지도 못했던 일이다. 이후 중국과 일본은 연구 목적의 쇄빙선을 추가로 건조 중이다. 우리나라도 북극을 둘러싼 국제 정세의 변화를 예측하고, 국가 이익을

낚시 중인 아이.
어망에 물고기가 가득하다. 아이들이 잡던 물고기는
꽁치처럼 생긴 암마샛으로 튀겨 먹으면 맛이 좋다.

확보하기 위한 노력이 필요하다.

곳곳에 빙산과 얼음덩이가 떠 있는 일룰리셋 바닷가에서 재미 삼아 물고기를 잡는 중인 아이들을 만났다. 어찌나 물고기가 많던지 놀랍게도 뜰채로 잡고 있었는데, 그 양이 장난 아니었다. 자그마한 두 손으로 한 번 물을 휘휘 저어 뜨면 3~4킬로그램 정도는 간단히 잡았다. 나도 따라 도전해봤는데, 그 10퍼센트 수준밖에 되지 않았다.

아이들이 잡던 물고기는 꽁치처럼 생긴 암마쌋Ammassaat으로 여름이 되면 산란을 위해 일룰리셋 바닷가로 몰려든다. 현지인들은 이를 잡아 썰매개의 사료로 주로 쓰는데, 밀가루를 입힌 뒤 기름에 튀겨 먹기도 한단다.

일룰리셋은 그린란드의 수산물 생산량을 절반 가까이 책임지는 대표적인 항구 도시다. 그래서인지 항구에 나가면 이곳의 특산물인 넙치를 쉽게 볼 수 있었다. 어부들은 넙치 생산량은 많이 늘었지만, 그 크기가 예전보다 작아졌다고 전했다. 대신 과거에는 보기 힘들었던 북극대구가 많이 잡힌다고 하니, 차갑디차가운 이곳의 바닷속에도 변화가 나타나는 듯했다.

재미있게도 항구에는 국영 기업인 로얄그린란드Royal Greenland 건물과 어민들이 운영하는 기업인 할리벗그린란드Halibut

Greenland 건물이 서로 마주보고 있었다. 그동안 로얄그린란드가 독점적 지위를 누리며 수산물 가격을 결정했는데, 몇 해 전 마흔네 명의 어민이 할리벗그린란드를 공동 설립하면서 수산물 가격이 크게 변했다고 한다. 1킬로그램당 9크로네(약 1,600원)에 불과했던 넙치 가격이 35크로네까지 오르고, 그 외 수산물 판매도 활발해져 어민 소득이 크게 나아졌단다. 국영 기업 중심의 독점 체제가 경쟁 체제로 바뀌면서 그 이익이 어민들에게 돌아가게 된 것이다. 이는 대부분 원주민 출신인 어민들이 조직적인 경제 활동에 눈뜨는 계기가 되었다.

고기잡이가 전통 산업이라면, 관광은 일룰리셋에서 새롭게 떠오르는 산업이다. 거주 인구의 약 스무 배에 이르는 9만 명의 관광객이 매년 이곳을 찾는다. 배로 두 시간 정도 가야 하는 원주민 마을까지 나를 태워준 카알Karl 선장도 고기잡이보다 관광 산업에 더 많은 시간을 쓴다고 했다. 자기 아들이 같은 일을 하는 것을 여느 아버지처럼 자랑스러워한 그는 앞으로 좀더 좋은 세월이 올 거라고 믿었다.

일룰리셋 문양.
자연을 나타내는 상징들이 눈에 띈다.

관광객이 많아져서인지 이국적인 풍경을 쉽게 볼 수 있었다. 가장 기억에 남는 것은 태국 음식점이었다. 빙산의 도시 일룰리셋에서 열대 음식이라니! 그곳에는 필리핀에서 이곳까지 일하러 온 사람들이 있었다. 아리안Arrianne과 루시아Lucia는 벌써 2년 넘게 일하는 중이라고 했다. 임금 수준이 높을 뿐 아니라 자신들이 만드는 아시아 음식이 이곳 사람들 입맛에 맞아 장사가 잘된다고 기뻐했다.

의외인 것은 일룰리셋 사람들의 기후변화에 대한 생각이었다. 기후변화의 상징이라고 할 만한 곳에 사는 만큼 지금의 상황을 크게 걱정했지만, 자신들이 수천 년 동안 극한의 환경에 적응해 살아남은 강하고 긍정적인 사람임을 잊어서는 안 된다고 한소리로 말했다.

백야 기간에 당근을 키우고자 설치한 소박한 유리 온실이 그들의 적응력을 보여주었다. 멀리서 온 손님을 위해 아껴둔 고래 고기로 따뜻한 국밥을 끓여준 예니Yenny와 우니Woony 부부의 너그러운 웃음에서 자연에 의지하고, 또 적응하며 살아온 낙천적인 그들의 역사가 자연스레 드러났다. 그들의 의지와 웃음이 절대 멈추지 않기를 진심으로 바란다.

동토에
폭포가 생기다

'월남 스키 부대'라는 말은 허풍스러운 설명이나 극히 비현
실적인 비유를 할 때 쓰이는 우스갯소리다. 북위 9도부터 23
도까지 걸쳐 있는 아열대의 나라 베트남에는 눈이 내릴 일이
거의 없기 때문이다. 반대로 사계절 눈과 얼음으로 뒤덮인
북극 지방에서 수력발전이 이루어지고 거대한 폭포가 있다
면 이 또한 쉽게 믿어지지 않을 것이다.

그런데 지구 최북단 섬나라 그린란드에는 수력발전도 있
고, 높이 100미터가 넘는 물보라 거센 폭포도 있다. 2016년
5월의 경험은 말 그대로 월남 스키 부대를 진짜 본 것 같은
충격이었다. 누크에서 모터보트를 타고 남동쪽으로 한 시간
반, 북세Bukse라는 이름의 피오르를 따라 내륙 깊숙이 들어갔

다. 피오르가 끝나는 지점에 때 묻지 않는 자연과 어울리지 않는 콘크리트 절벽이 나타났다. 누크에 전력을 공급하는 국영 기업 누끼시옥핏Nukissiorfiit의 발전소에서 사용하는 전용 부두다. 부두에서 1킬로미터 남짓 올라가니 거대한 바위산 입구에 2층 높이의 조그만 건물이 나타났다.

건물은 바위산으로 들어가는 일종의 문이었다. 안쪽으로 높이 10미터는 족히 되어 보이는 터널이 입을 벌리고 있다. 터널의 천장과 좌우 벽은 온통 검은색의 화산암이다. 터널 안에 놓인 왕복 2차로 너비의 콘크리트 도로를 따라 800미터 내리막길을 비스듬히 내려가니 발전 설비가 나타났다. 위로는 발전기, 아래쪽은 수력터빈 세 대가 웅웅거리며 돌아가는 소리가 동굴 안을 가득 채운다. 발전기 세 대의 전체 발전 능력은 원자력발전소 한 기의 10분의 1 수준인 100메가와트. 하지만 나와 연구진 일행이 찾았을 당시에는 순간 최대 50메가와트가량만 가동하고 있었다. 그 정도로도 인구 1만 6,000명인 누크의 전기 수요를 감당할 수 있기 때문이다.

바위산 안에 지름 5미터짜리 터널을 뚫어 수로를 내고, 발전소 위쪽 해발 600미터에 있는 산정호수 캉Kang호의 물을 흘려보내 수압 차로 전기를 생산하는 발전 방식이다. 누끼시옥핏의 발전소는 1993년 첫 가동을 시작했다. 당시 그린란드 최초의 수력발전소였다. 이전까지만 하더라도 그린란드

바위산 속의 수력발전소.
시설 위쪽 해발 600미터에 있는 산정호수까지 터널을 뚫어,
떨어지는 물의 힘으로 수력터빈을 돌린다.
누크의 모든 전기 수요를 감당할 수 있다.

내 전력은 화력발전에만 전적으로 의지했다. 그린란드 내에는 이런 수력발전소가 총 다섯 개 운영되고 있다. 누끼시옥핏의 홍보 담당자 피터 크루세Peter Kruse는 "온난화로 그린란드 내륙의 얼음이 녹으면서 수자원이 점점 더 풍부해지고 있다"라며 "앞으로 국내 산업의 발전 속도 등을 고려해가면서 발전 용량의 증설 여부를 검토하고 있다"라고 말했다.

만년설의 '눈물', 빙하 폭포

그린란드의 만년설이 녹아내려 호수를 이룬 덕에 수력발전이 가능했다면, 그 만년설이 녹는 현장은 관광자원으로 변해가고 있었다. 누크의 구시가에서는 이 도시를 상징하는 산을 볼 수 있다. 해발 1,210미터의 승미치악Sermitsiaq산이 그 주인공이다. 뾰족한 삼각뿔 봉우리가 8,000년이 되었다는 만년설을 머리에 얹고 있는 모습이 늠름하고 아름답다. 하지만 이 설산의 뒷모습은 설경이 아닌 폭포였다. 꼭대기 사면은 여전히 두꺼운 만년설에 덮여 있었지만, 산허리에서 녹기 시작한 눈은 얼음물로 변해 100미터가 넘는 절벽을 타고 모이면서 폭포로 탈바꿈했다. '눈'이 '물'로 변하는 현장이다.

폭포 아래는 마치 나이아가라Niagara폭포처럼 물보라 장관을 연출한다. 만년설이 녹아 흘러내린 때문인지 물보라는 마치 얼음장같이 차가웠다. 털모자와 장갑으로 무장했지만 금세 오한이 들 정도였다. 폭포 아래쪽에는 만년설 폭포의 장관을 경험하려는 관광객들을 태운 배가 여러 척이었다. 현장 가이드를 맡아준 리야는 "날이 따뜻해지면서 지난 10년 사이에 숭미치악산 만년설이 크게 줄어든 반면, 폭포 크기는 해가 갈수록 커지고 있는 상황"이라며 자신의 일도 덩달아 바빠진다고 했다.

북극의 '얼음 나라'가 녹아내리는 현상은 더욱 거세질 전망이다. 2020년 12월 미국 해양대기청National Oceanic and Atmospheric Administration, NOAA의 연례 보고서에 따르면 2019년 북극의 평균 기온이 1981년부터 2010년까지의 평균 기온보다 1.9도 높은 것으로 나타났다. 이는 북극 기온을 측정하기 시작한 1900년 이후 두 번째로 높은 수치라고 한다. 가장 더웠던 시기는 2015년부터 2016년까지의 기간이었다. 기상학자들은 북극이 지구촌의 다른 지역보다 온난화가 두 배 이상 빨리 진행되고 있다고 분석한다. 2019년 8월 AP통신이 덴마크기상연구소Danish Meteorological Institute, DMI의 연구 결과를 인용해 그린란드 전체에서 8월 1일 하루에만 1,000억 톤의 얼음이 녹았으며 7월 한 달 총 1,970억 톤의 얼음이 녹아서 사라졌다고 보도했다. 하루 1,000억 톤이라니 감이 잘 안 온다.

'눈'이 '물'로 변하는 현장.
손발을 꽁꽁 얼릴 정도로 찬 물보라를 일으킨다.
이 이국적인 광경을 포착하고자
수많은 관광객이 연신 카메라 셔터를 누른다.

당시 덴마크기상연구소가 좀 쉽게 비유를 들어 설명해줬다. "10억 톤의 얼음이 녹으면 40만 개의 올림픽 수영장을 채울 수 있는 물이 된다."

'전 세계에서 가장 큰 섬', '지구 최북단 섬나라' 등으로 불리는 그린란드는 표면의 82퍼센트가 얼음으로 덮여 있다. 그린란드의 얼음이 녹으면 어떤 일이 일어날까. 세계기상기구 World Meteorological Organization, WMO에 따르면 그린란드에 있는 빙하가 모두 녹게 된다면 전 세계 해수면의 높이가 7미터 상승하게 된다고 한다. 해수면 상승은 또 다른 기상 이변을 낳을 수도 있다. 빙하 속 바이러스나 세균이 인류를 위험에 빠뜨릴 수 있다는 이야기도 나온다. 2014년 뉴질랜드 등 다국적 연구팀은 캐나다 북쪽의 영구동토층에서 700년 된 순록 배설물을 발견했는데, 지금까지 볼 수 없었던 바이러스가 들어 있었다고 한다. 연구팀은 바이러스가 현대 식물을 감염시킬 수 있는 능력을 갖추고 있음을 확인했다. 또 2016년에는 시베리아의 영구동토층이 녹으면서 탄저균이 노출되어 12세 소년이 사망하고 수천 마리의 순록이 목숨을 잃기도 했다.

사실 그린란드 사람들은 지구온난화가 위기이면서 기회라는 인식을 가지고 있다. 온난화가 처음 있는 재앙이라는 데도 이견을 가지고 있다. 950년부터 1250년까지를 중세온

난기라 부른다. 이 시기에 그린란드로 이주한 유럽 사람들은 얼음이 없는 바다에서 바다표범을 사냥하고, 소나 양을 방목하고, 작물을 재배하면서 살았다고 한다. 하지만 15세기에 닥친 소빙하기로 종말을 맞았다는 게 이곳 사람들의 이야기다. 지금도 그린란드 남부에는 양을 키우는 목장이 있지만, 소를 키우고 작물을 재배할 정도는 아니다. 그래서 그린란드 사람들은 경험상 지구의 온도는 자연스레 변하는 것이라고 생각한다.

그린란드가 가진 엄청난 천연자원도 이곳 사람들이 온난화를 기회로 생각하는 큰 이유 중 하나다. 얼음이 녹아 땅이 드러난 그린란드 남부는 이미 세계 광물 업체의 각축장으로 변하고 있다. 예를 들어 그린란드 남서부의 쿠안넉수잇Kuannersuit 일대에는 정보통신 산업의 핵심 원료가 되는 희토류가 1,000만 톤이 매장된 것으로 추정된다. 개발이 이루어지면 연간 4만 톤을 채굴할 수 있다고 한다. 이는 전 세계 수요량의 20~25퍼센트에 달하는 양이다. 다이아몬드와 금, 납, 아연, 우라늄 등도 풍부하다. 만약 공항과 항만 같은 교역 인프라를 국제적 수준으로 높여 지구촌과 연결할 수 있다면 그린란드가 가진 잠재력은 단기간 내에 폭발할 것이다. 이처럼 그린란드는 그곳에 사는 사람들뿐 아니라 지구촌 사람들에게도 위기와 기회의 상반된 생각이 동시에 존재하는 곳이다. 그린란드가 독립국가로 가고자 하는 꿈, 미국이 그린란드를 매입하겠다는 생각에는 모두 이런 의도가 깔려 있다. 어느 쪽이든 우리도 북극 동토의 변화와 가치에 관심의 끈을 놓지 말아야 한다는 이야기다.

기후변화가 가져다준
기회?

2017년 3월 말 러시아 정부가 주최한 제4차 국제북극포럼 International Arctic Forum, IAF 참석을 위해 북위 64도, 러시아 서북단의 거점 항구 도시 아르한겔스크Arkhangelsk에 도착했다. 북극해로 이어지는 백해White Sea에 접해 있어 한겨울이 지났는데도, 영하 10도 아래의 차디찬 냉기가 온몸을 감쌌다. 현지인들은 얼어붙은 강을 지름길로 건너다녔다.

게다가 블라디미르 푸틴Vladimir Putin 대통령이 참석하기로 해 배치된 중무장한 경호원들의 삼엄한 분위기가 도시를 더욱 움츠러들게 했다. 푸틴은 대우조선해양이 건조해 인도한 첫 쇄빙가스운반선을 야말Yamal반도에서 인수하고 아르한겔스크로 오는 중이었다.

'대천사의 도시'라는 뜻의 아르한겔스크에는 러시아의 신형 쇄빙선이 행사 분위기를 띄우기 위해 정박해 있었다. 재미있는 것은 쇄빙선의 이름이 저 먼 지중해와 연결된 흑해 Black Sea의 도시 노보로시스크Novorossiysk였다는 점이다. 얼어붙은 아㉿북극의 항구에 따뜻한 흑해의 도시 이름이 붙은 쇄빙선이라니. 노보로시스크는 '새로운 러시아'란 뜻이다. 동토의 제국 러시아가 얼마나 간절히 얼음 없는 바다를 원하는지를 상징적으로 보여준다고밖에 해석할 수 없었다.

해양국가 러시아의 탄생

─────

아르한겔스크는 1584년 러시아 절대왕정의 창시자 이반 4세 Ivan Ⅳ가 건설한 도시다. 백해로 흘러 들어가는 북北드비나 Dvina강 하구에 있다. 백해는 북극해의 일부인 바렌츠Barents해로 연결된다. 1703년 표트르 대제Pyotr I가 발트Balt해 연안의 상트페테르부르크Sankt Peterburg를 건설하기 전까지 이 도시는 러시아 유일의 국제 무역항으로서 역할을 했다.

러시아는 지구상에서 가장 넓은 영토를 가진 나라다. 하지만 더 큰 세계인 바다로 진출하기 위한 여정은 쉽지 않았다. 해안 대부분이 사계절 내내 얼음으로 덮인 북극해에 접해 있

북드비나강과 아르한겔스크 전경.
거대한 배들이 얼어붙은 강을 거슬러 오르고 있다.

기 때문이다. 연중 출입항이 가능한 안정적인 항구, 즉 부동항의 확보는 수백 년간 해결하지 못한 난제였다. 이는 대항해시대에 러시아가 두각을 나타내지 못한 이유이기도 하다.

이곳 아르한겔스크에서 첫발을 뗀 러시아의 해양 진출은 그마저도 겨울철에는 꽁꽁 얼어붙는 바다 때문에 많은 제약이 있었다. 상트페테르부르크는 부동항이었지만, 영국과 발트해 연안국들의 견제로 해양 진출의 기반으로 삼기에는 여의치 않았다. 설상가상 크림Krym전쟁(1853~56)에서 패하며 흑해와 지중해의 해상 주도권을 상실했다.

러시아는 반대쪽 아시아로 눈을 돌려 1860년 청나라와 베이징조약을 맺고 태평양으로 나갈 수 있는 블라디보스토크Vladivostok를 얻었다. 그러나 이 도시도 겨울만 되면 근해가 얼어붙어 완전한 부동항은 아니었다. 청일전쟁(1894~95)에서 승리한 일본이 요동遼東반도를 차지하려 하자 삼국간섭으로 저지, 잠시 여순旅順을 지배했고, 우리의 목포와 마산을 탐내기도 했다. 하지만 러일전쟁(1904~1905)의 패배로 결국 이 모든 노력은 허사가 되고 말았다. 이처럼 얼지 않고 상시 운영 가능한 항구 확보는 러시아에 전쟁도 불사할 만큼 국운을 건 숙원 사업이었다.

러시아의 관심은 다른 방향의 개척, 즉 기술 개발로 이어졌다. 얼음을 피할 수 없다면 깨자는 것이다. 1898년 최초의 쇄빙선 예르막Yermak호를 시작으로 1957년 최초의 원자력쇄빙선 레닌Lenin호를 건조해 빙해氷海에서의 항행 기간과 구간을 점차 확대해나갔다. 지금까지 러시아는 총 마흔네 척의 쇄빙선을 건조했는데, 세계 최대 규모다. 덕분에 북극해에서의 항행 주도권과 군사력에서 다른 국가들을 훨씬 앞서고 있다.

한편 러시아의 오랜 노력을 비웃듯 부동항은 전혀 예상치 못한 곳에서 모습을 드러냈다. 북위 69도로 북극해에 접해 있지만, 북대서양해류 덕에 바다가 얼지 않는 스칸디나비아Scandinavia반도 북쪽 끝 무르만스크가 바로 그곳이다. 얼음을 피하기 위해 수 세기 동안 노력했건만, 역설적이게도 북극해 한복판에서 부동항이 나타난 것이다.

하지만 미약한 배후 세력과 혹한으로 활용이 제한적이었고, 군항으로 출발한 탓에 80년이 지나서야 상업항으로 이용할 수 있었다. 특히 1987년 고르바초프가 무르만스크에서 북극항로를 비롯한 북극해 개방과 북극 평화 지역 조성을 제안한 것은 부동항 확보를 상징하는 사건이 되었다.

21세기 들어 또 한 번의 반전이 일어났다. 온난화로 북극해의 결빙 해역이 줄어든 것이다. 이렇게 '자연적'으로 북극해가 열리면 러시아는 그동안 갈구했던 부동항뿐 아니라, 미국과 영국 등 서구 열강에 간섭받지 않는 항로를 다수 확보

북드비나강의 어느 여인.
현지인들은 꽁꽁 언 북드비나강을 지름길로 사용한다.
그들에게 아르한겔스크는 그저 일상의 공간일 뿐이다.

하게 된다. 이는 북극권에 묻혀 있는 막대한 자원의 개발과 이에 필요한 과학기술의 발전을 추동할 강력한 동기, 동력으로 이어진다. 이 과정에서 외자를 유치하고 북극권에 사는 원주민과 자국민의 지속적인 경제 활동을 보장해, 장기적으로 방대한 국토의 균형 발전도 이룰 수 있다.

해양 진출을 위해 수백 년간 대서양과 지중해, 태평양을 떠돌며 부동항이라는 보물을 찾아 험난한 여정을 거친 러시아가, 기후변화로 북극해가 녹자 갑자기 해양국가로 변신하게 된 것은 무척이나 역설적으로 보인다.

러시아는 부동항을 이미 구축된 강력한 쇄빙선단과 결합하고, 여기에 북극항로와 자원 개발의 잠재력을 더해 새로운 미래를 설계하고 있다. 이때 북극이라는 차가운 공간과 그곳의 자원은 극동 및 유럽 국가들과 새로운 협력의 물꼬를 틀 뜨거운 기회를 제공할 것이다. 물론 작금의 불안정한 국제 정세로 갈 길이 순탄하지는 않겠지만, 앞으로 최소 10년간 북극을 주시해야 할 또 하나의 중요한 이유다.

아르한겔스크에서의 마지막 날 늦은 오후, 얼어붙은 북드비나강을 건너볼 요량으로 강가에 갔다가, 강을 건너기 전 마지막으로 담배를 물고 해 지는 먼 하늘을 바라보는 여인을 보았다. 북극을 둘러싼 새로운 기회를 숨 가쁘게 이야기하는 이 순간, 이곳에서 태어나 이곳이 삶의 전부인 이들에게 그러한 논의가 어떤 의미일지 문득 궁금해졌다. 다 피우고 난 담배꽁초를 얼음 위로 던지고 걸음을 재촉하던 그녀의 모습은 그냥 무심했다.

신들이 노니는
진달래꽃밭, 바이칼호

'시베리아의 갈라파고스Galapagos', '성스러운 바다', '시베리아
의 진주' 등. 약 3,000만 년 전 생성된 세계에서 가장 오래된
호수이자, 수심 1,600미터가 넘는 세계에서 가장 깊은 호수
이고, 투명도가 40미터에 이르는 신비한 호수이며, 지구상
민물의 약 20퍼센트를 저장하고 있는 초대형 호수인 바이칼
Baikal호의 별칭들이다.

바이칼호는 북위 56도에 있어 지리적 기준으로는 북극권
에 속해 있지 않다. 하지만 이 호수를 빼놓고 대표적인 북극
권 지역인 시베리아를 논할 수 없다. 자동차와 열차, 선박, 비
행기가 없었던 먼 옛날, 시베리아 원주민은 어떻게 수천 킬로
미터나 떨어진 북극해까지 삶의 터전을 넓힐 수 있었을까. 지

금도 육로로 연결하지 못하는 곳이 있는데 말이다.

　노바야시비리섬에서 조선 여인과 인연을 맺은 벨츨은 바이칼호 인근의 도시 이르쿠츠크에서 '포니'라는 이름의 말과 함께 북극해를 향한 여정을 시작했다. 그보다 오래전 에벤키족 등의 원주민도 바이칼호를 기점으로 시베리아와 동북아시아로 확산, 시베리아 전체 면적의 70퍼센트에 이르는 넓은 지역에 자리 잡았다. 즉 예니세이Enisey강과 레나강이 시베리아의 젖줄이자 핏줄이라면, 바이칼호는 시베리아에 사는 모든 생명체의 심장이자 정령이다.

수만 년의 인연을 품다

———

북극권에 흩어져 있는 200여 개의 대학교와 연구소가 소속된 북극대학연맹University of the Arctic, UArctic의 총회가 2015년 6월 초 부랴트Buryat공화국의 수도이자 바이칼호 인근의 도시 울란우데Ulan-Ude에서 열렸다. 거기까지 가는 길은 시작부터 쉽지 않았다. 비행기가 착륙하기 직전 울란우데에 강풍과 폭우가 몰아쳐 850킬로미터나 떨어진 이르쿠츠크로 경로를 틀어야 했다. 현지 안내인은 1년에 열 번 보기도 힘든 날씨라고 했다.

이르쿠츠크 착륙 후에도 기내에서 한참을 대기하다가 새벽녘이 되어서야 공항 인근의 허름한 호텔에 겨우 짐을 풀수 있었다. 남은 방이 없어 같은 비행기를 타기는 했지만 전혀 모르는 세 사람과 함께 하룻밤을 보내게 되었는데, 불과 서너 시간 후에 다시 비행기를 타야 해서 사실상 뜬눈으로 밤을 지새웠다. 다행히 어머니가 고려인인 러시아 청년과 같은 방을 쓰게 되어 우리말로 떠듬떠듬 이야기를 나눌 수 있었다.

그는 자기가 대구의 어느 공장에서 일한다며, 한국 사람의 피를 가진 것을 몹시 자랑스럽게 여겼다. 아버지가 의사라 생계가 어려운 편이 아닌데도, 한국에서 일하는 건 '정'을 느끼며 지내는 생활이 행복하기 때문이라고 했다. 우연한 상황에서 이곳 사람들과 한국의 인연을 실감하는 순간이었다.

국내 일정 때문에 총회 기간 내내 머무를 수 없었는데, 특히 마지막 날로 예정되어 있던 바이칼호 방문 일정에 불참하게 된 것이 못내 아쉬웠다. 그런 마음을 읽었는지 부랴트대학교의 부총장 안드레이 노모에프Andrei Nomoev가 한국행 비행기를 타기로 한 날 새벽에 같이 바이칼호를 보고 오자고 제안했다. 친구가 한국에서 여기까지 왔는데 바이칼호를 못 보고 간다는 것은 초청자로서 참을 수 없다는 멋진 말과 함께 바이칼호.
수평선이 보일 정도로 바다처럼 넓은 호수다.
시베리아의 수많은 영혼과 생명은 이곳에서 안식을 찾는다.

말이다. 이렇게 나와 바이칼호의 인연은 여러 난관에도 끊어지지 않았다.

다음 날 이른 새벽, 차를 타고 가는 중에 바이칼호가 있는 숲 입구에서 안드레이가 갑자기 차를 세웠다. 그러더니 트렁크를 열어 언제 준비했는지 모를 제기祭器를 늘어놓는 것 아닌가. 오늘이 무슨 기념일이냐고 물으니, 바이칼호에 처음 가는 사람은 반드시 이곳 당산나무 앞에서 제사를 지내 예를 갖추어야 한다고 했다. 따로 시간을 내준 호의를 생각하며 얼떨결에 절하고 보드카 한 잔을 들이켰다.

이어 바이칼호 고유종인 오물Omul이라는 생선을 한입 베어 물고, 색동 띠를 매단 당산나무에 동전까지 던져 입장료를 낸 후에야 안드레이는 다시 차에 시동을 걸었다. 이곳이 전 세계 샤머니즘의 본산이라는 것은 알고 있었지만, 사실 그는 러시아에서 저명한 물리학자다. 자신이 가진 지식의 내용이나 크기와 관계없이, 선조에게서 전해 내려온 가르침을 가슴으로 배워 확신하는 그의 모습에서 묘한 울림을 받았다. 불과 몇십 년 전의 우리나라도 마을마다 당집과 당산나무가 있었다. 그러한 옛 모습이 떠오르면서 이곳과 맺은 인연의 깊이가 예사롭지 않음을 다시 한번 느꼈다.

한 시간 반쯤 빼곡한 침엽수림으로 둘러싸인 단선도로를 달리다 보니, 차량 통행이 거의 없는데도 정체를 겪었다. 교

바이칼호에 가기 전 올리는 제사.
부정을 쫓기 위해 색동 띠를 두른 당산나무에 제사를 올리는 건
그들이나 우리나 비슷하다.

통사고가 난 것이다. 바이칼호 부근은 도심에서 멀고 인적이 드물어 경찰이나 구조대가 오는 데 몇 시간이 걸린다고 한다. 충돌한 차량들은 부서진 채 도로 위에 아무렇게나 흩어져 있었다. 시신으로 보이는 것이 헝겊에 덮인 채 도로변에 놓여 있었다. 안드레이는 잠시 차를 세우고 희생자의 명복을 빌었다. 그러고 나서 내게 정색하며, 만약 우리가 제사를 지내지 않았다면 저 사고를 당했을지 모른다고 했다. 그의 말대로 당산나무 앞에서의 짧은 기도가 우리를 구해준 것이라면 다행이지만, 그러면 헝겊에 쌓여 누워 있는 이는 우리 대신 희생당한 것인가 하는 생각이 들었다. 그래서인지 바이칼호에 도착할 때까지 마음이 무거웠다.

두 시간 이상을 더 달려 도착한 바이칼호는 모든 번뇌를 날려버릴 정도로 압도적이었다. 우리나라의 전라도와 경상남도를 합친 것보다 넓은 어마어마한 크기는 마치 바다를 연상케 했다. 바이칼호는 역사가 3,000만 년 정도 되므로 생태계가 지구상 어떤 곳과도 비교할 수 없을 정도로 독특하다. 연중 절반 이상이 얼음으로 덮여 있어 파도에 의한 교란이 적고 바닥이 해수면보다 1,200미터나 낮아, 그 퇴적물의 가치가 과학적으로 따질 수 없을 정도다. 마치 타임캡슐처럼 지구 환경의 역사와 흔적을 고스란히 담고 있는 것이다. 더 나아가 기후변화 등 지금 우리가 마주한 각종 문제의 해답이 담겨 있을지 모른다. 이 때문에 1989년부터 '바이칼호 시추 프로젝트Lake Baikal Drilling Project, BDP'가 10년 동안 추진되기도 했다.

한편 바이칼호가 우리 민족의 원류가 시작된 곳이라는 학설이 있다. 이곳 사람들의 생김새와 생활 모습을 보니 비록 전문적인 지식은 없지만 그 학설을 부인하기 쉽지 않았다. 너무나 친숙한 얼굴과 언어 체계, 전통과 관습, 호숫가에 흐드러지게 핀 진달래꽃 등이 내 생각을 더 굳혔다. 실제로 울란우데를 돌아다니고 있으면 현지인들이 아무렇지도 않게 러시아어로 말을 걸어왔다. 내가 답하지 못하고 가만히 있으면 '외국인이구나!' 하는 표정이 아니라 '이 사람, 왜 이래?' 하는 표정을 지을 정도로, 그들과 우리는 닮았다.

호숫가를 잠시 걸으면서 조그만 자갈이 눈에 들어와 만지작거리니, 눈치 빠른 안드레이가 5루블짜리 동전을 건네주었다. 돌을 갖고 싶으면 바이칼호의 정령께 값을 지불하라는 것이다. 순간 부질없는 욕심이 부끄럽기도 하고 바이칼호에 대한 그들의 마음가짐이 놀랍기도 해 잠시 멍하니 서 있다가 자갈과 동전을 조용히 내려놓을 수밖에 없었다.

바이칼호에서 시작되는 안가라Angara강은 북극권에서 가장 큰 예니세이강과 합쳐져 야말반도의 카라Kara해로 흘러들고,

바이칼호 인근에서 발원한 레나강은 야쿠츠크를 거쳐 랍테 프해로 흘러든다. 두 강이 모두 북극해에서 다시 만나는 것이다. 그뿐 아니라 울란우데는 시베리아철도와 몽골횡단철도의 합류점이기도 하다. 유라시아를 4등분 하듯 뻗어가는 철도 위로 가스, 컨테이너, 석탄을 싣고 끝이 보이지 않을 정도로 연결된 열차가 힘차게 달린다. 겨울의 추위가 혹독한데도 큰 강들이 만들어낸 비옥한 토양으로 임업이 발달했고, 얼어붙은 강은 고속도로처럼 쓰였다. 오늘날에는 연중 맑은 날씨 덕분에 항공우주 산업을 유치해 첨단 도시로 성장 중이다.

물론 어두운 면도 존재한다. 온난화로 바이칼호의 수온이 상승해 독성을 띤 녹조가 확산되고 있다. 내가 방문했을 때도 얕은 물가에서 짙은 녹조를 쉽게 볼 수 있었다. 늘어난 관광객으로 수질 악화도 우려된다. 호수로 유입되는 수량의 50퍼센트를 차지하는 세렌가 Serenga강 상류에 몽골 정부가 댐을 건설하려고 해 생태계에 어떤 영향을 미칠지도 논란이다. 바이칼호에는 2,500여 종의 동식물이 사는데, 그중 3분의 2는 이곳에서만 볼 수 있다. 이처럼 바이칼호는 무한한 잠재력과

욕심의 값으로 치른 5루블 동전.
현지인들에게 바이칼호는
작은 돌멩이 하나 함부로 할 수 없는
신성한 곳이다.

쉽지 않은 도전 과제를 모두 지닌 세계 최고$_{最古}$의 호수다.

　인류가 신을 숭배하면서 시작된 샤머니즘의 흔적이 여전히 남아 있는 부랴트공화국 사람들이 어떻게 최첨단 산업을 수용하고 환경 변화에 대응할지, 머릿속에 걱정과 기대가 겹친다. 동시에 바이칼호 어딘가에서 우리 민족과 같은 조상을 공유했을지 모를 북극 사람들과 수천 년의 시간을 뛰어넘어, 북극항로라는 먼 바닷길을 돌아 다시 만나는 가슴 뛰는 상상도 해본다. 노바야시비리섬의 조선 여인이 그리했던 것처럼 말이다.

인류 멸망을 준비하는
스발바르제도

시계는 자정을 가리키고 있지만, 백야의 태양이 한낮처럼 머리 위에 떠 있는 북위 79도의 스발바르Svalbard제도. 기온은 영하 3~4도 정도로 생각보다 춥지 않으나, 강한 햇빛이 눈과 얼음에 반사되어 자연스레 눈살을 찌부러뜨리고 선글라스

북극 원주민의 선글라스.
빛의 양을 줄여준다.

를 찾게 한다. 이런 환경에서 수천 년을 사냥으로 먹고살았던 원주민이 선글라스의 원형을 만들었다는 이야기는 분명 사실일 것이다.

2013년 5월 말 우리나라가 북극이사회의 옵서버국가가 되

고 처음 개최되는 국제회의에 초청받았다. 노르웨이 정부의 연락을 받고 인천을 출발해 네 번의 환승을 거쳐, 마지막에는 마을버스 정도 크기의 프로펠러기로 뉘올레순Ny-Alesund의 경사진 공항에 착륙했다. 스발바르제도의 가장 큰 섬에 있는 뉘올레순은 위도상으로 가장 높은 곳에 있는 인간의 상시 거주지다.

킹스베이Kings Bay라는 광산 회사가 탄광을 개발하며 만들어진 뉘올레순은 오늘날 노르웨이 정부가 관리하는데, 정확히 말하면 광산 회사에서 과학기지 운영 회사로 바뀐 킹스베이AS의 관리하에 있다. 과학기지가 들어선 뉘올레순의 첫인상은 눈과 얼음만 없다면 한적하고 조용한, 햇볕 내리쬐는 사막 마을 같았다. 북극곰에게서 사람을 지키기 위해 계속 짖어대는 개들을 제외하면 말이다.

종자와 기록, 지식의 수호자

────────

스발바르제도는 16세기 말 북극항로를 찾아 나선 네덜란드의 탐험가 빌럼 바렌츠Willem Barentsz가 처음 발견했다. 제도의 첫 이름은 네덜란드어로 '뾰족한 산'이라는 뜻의 스피츠베르겐Spitsbergen이었으나, 이제는 노르웨이어로 '차가운 가장

뉘올레순 앞바다의 풍경과 라이프재킷.
라이프재킷은 차디찬 북극해에 빠져도 한동안 체온을 유지해준다.

자리'라는 뜻의 스발바르로 불리고 있다. 스발바르제도는 그 전략적 가치로 크고 작은 역사적 부침을 겪었다.

    1619년 네덜란드가 첫 거주지를 건설했고, 이어서 영국, 덴마크, 프랑스의 고래잡이배가 모습을 드러냈다. 북극곰과 북극여우를 잡는 러시아 사냥꾼도 그 뒤를 따랐다. 노르웨이는 그로부터 150년 후에야 진출했는데, 제1차 세계대전이 끝나고 1920년 2월 맺은 스발바르조약으로 마침내 주권을 행사하게 되었다. 하지만 그 대가로 조약에 가입한 모든 국가와 동일하게 어업과 사냥, 광물 개발 권리를 공유해야 했다. 말하자면 국제도시가 된 것이다. 오늘날에는 러시아를 비롯한 여러 유럽 국가가 스발바르제도와 주변 해역에서의 고유한 권리를 주장하고 있다. 한국은 2012년, 북한은 2016년 스발바르조약에 가입했다.

북유럽과 북극점을 잇는 중간 지점인 스발바르제도는 망망대해에 외로이 떠 있다. 그래서인지 혹시 닥칠지 모를 전 지구적 규모의 대재앙에 대비하는 장소이기도 하다. 스발바르제도에는 중요한 의미를 지닌 보관소가 두 곳 운영 중이다.

그중 하나가 스발바르지구종자보관소Svalbard Global Seed Vault, SGSV다. 현대판 '노아의 방주'라 불리는 이 시설이 스발바르제도의 주도州都 롱위에아르뷔엔Longyearbyen에 건설된 것은 2008년 2월의 일이다. 종자보관소는 전 세계적으로 1,700여 개가 있다고 알려져 있는데, 지구 최북단 마을에 있는 이곳은 그 상징성이 더욱 돋보인다. 노르웨이 정부, 국제 비정부 기구인 크롭트러스트Crop Trust, 북유럽유전자원센터Nordic Genetic Resource Center, NordGen가 공동으로 관리하며, 2020년 기준 전 세계에서 모은 105만 종의 종자를 저장하고 있다.

스발바르지구종자보관소는 최대 450만 종의 종자를 수

용할 수 있도록, 또한 전기 공급이 갑자기 끊어지더라도 영하 18도의 보관 온도가 0도까지 올라가는 데 200년이 걸리도록 설계되었다. 2015년 시리아내전으로 알레포Aleppo의 국제건조지역농업연구센터International Center for Agricultural Research in the Dry Areas, ICARDA가 피해를 보자, 이곳에 보관되어 있던 종자가 처음으로 반출되었다. 한편 2016년과 2017년 폭우와 영구동토층 융해로 침수가 우려되자, 노르웨이 정부는 건설 당시 비용의 두 배에 이르는 약 1,200만 달러를 들여 방수시설을 대대적으로 보강했다.

다른 하나는 북극세계기록보관소Arctic World Archive, AWA 다. 스발바르지구종자보관소 인근의 버려진 탄광을 활용해 2017년 문을 연 북극세계기록보관소는 인류의 문화와 기록을 디지털화해 보관하고 있다. 중요한 정부 문서는 물론 예술 작품과 영상 등 인류의 의미 있는 기록들을 최소 500년간 보관할 수 있다고 한다. 이미 42개국이 이용 중이다.

스발바르제도가 보관소 역할을 하게 된 것은 넓디넓은 영구동토층의 지하 공간을 활용하면 자연스레 저온 보관이 가능하고, 핵 및 전자기펄스 무기, 심지어 해킹의 위협에도 안전하기 때문이다. 하지만 스발바르제도의 기온 상승이 지구 평균보다 세 배나 빠르다는 사실은 앞으로 기후변화가 가장 큰 위협이 될 것을 암시한다.

© Einar Jørgen Haraldseid, Arctic World Archive

스발바르지구종자보관소와 북극세계기록보관소의 입구.
인류 멸망을 준비하는 곳들로 입구의 모습이 모두 독특하다.

　물론 그렇다고 하더라도 신종 코로나바이러스가 전 세계를 혼란에 빠뜨리고 있는 요즘, 스발바르제도에 있는 두 보관소가 얼마나 중요한지는 두말할 필요가 없다. 비상금처럼 모아둔 생존의 필수품과 지식이 세상 밖으로 나오는 일은 절대 없어야 한다.

　스발바르제도에는 중요한 곳이 하나 더 있다. 뉘올레순의 북극과학단지가 그곳이다. 다산북극과학기지를 비롯한 열한 개국의 과학기지가 모여 있다. 북극점과 가장 가까운 곳에서

다산북극과학기지와 아문센 흉상.
아문센의 도전 정신은 이곳 사람들에게 큰 영감을 주고 있다.

급속히 변화하는 북극의 기후와 환경을 관측하고 연구한다. 이처럼 스발바르제도는 곧 다가올지 모를 비상사태를 대비하는 인류의 종자보관소이자 기록보관소인 동시에 지식보관소다.

극지연구소가 운영하는 다산북극과학기지 앞에는 노르웨이의 대탐험가 아문센의 흉상이 있다. 1911년 인류 최초로 남극점을 밟은 그는, 1926년 비행선 노르게Norge호를 타고 뉘올레순을 출발해 북극점을 지나 72시간 만에 알래스카에 도착했다. 비행선을 타고 북극점을 통과한 최초의 사람이 된 것이다. 그 전인 1903년부터 1906년까지 3년간은 북대서양과 북태평양을 잇는 북서항로를 처음으로 항행하기도 했다. 북극과 남극에서 '인류 최초' 3관왕을 이룬 셈이다.

한편 이 과정에서 아문센은 비행선을 설계하고 함께 북극점 위를 비행한 이탈리아 사람 움베르토 노빌레Umberto Nobile와 누가 탐험을 주도했는지를 놓고 다투면서 사이가 멀어지기도 했다. 하지만 2년 뒤 노빌레가 제2차 비행선 탐험 중 실종되자 아문센은 주저 없이 옛 친구이자 라이벌의 구조에 나섰다. 1928년의 일로 그의 마지막 전설이다. 정작 사고를 당한 노빌레는 48일 만에 러시아 쇄빙선에 구조되었고, 1978년에야 친구 아문센의 곁으로 떠났다. 의리의 사나이이자 극지를 향한 끊임없는 도전 정신으로 똘똘 뭉친 아문센의 흉상은 뉘올레순의 과학자들에게 큰 영감을 주고 있다.

북극의 밤하늘을 밝히는
고래의 영혼

'하얀 사막'. 인천에서 시애틀Seattle, 다시 앵커리지Anchorage를 거쳐 도착한 알래스카 최북단 땅끝 마을 우트키아비크Utqiaġvik의 첫인상이었다. 해발 고도라고 해봐야 3미터에 불과한 드넓은 평원은 새하얀 사막처럼 얼음과 눈으로 덮여 있었다.

2016년 3월의 방문은 영하 23도, 체감 온도 영하 37도라는 겨울 끝자락의 매서운 추위와 맞닥뜨리는 것으로 시작했다. 얼어붙은 공항을 벗어나 시내로 들어서자 한낮인데도 간간이 지나가는 트럭과 스노모빌을 제외하고는 인적을 찾아보기 어려웠다.

우트키아비크는 이곳 원주민 이누피아트Inupiat족의 말로 '흰올빼미 사냥터'라는 뜻이지만, 오랫동안 영어식 도시명인

'배로Barrow'로 불렸다. 19세기 초 이곳을 탐험했던 영국 군인이자 지리학자 존 배로John Barrow의 이름을 딴 것인데, 2016년 12월 이누피아트족은 투표로 자신들이 부르던 옛 이름을 되찾았다. 그들에게 이름을 되찾는 것은 진정한 자치권 쟁취를 위한 노력의 하나였다.

북위 71도에 있는 이 자그마한 도시는 알래스카 최초의 원주민 자치구인 노스슬로프North Slope군에 속한 여덟 개 마을 중 하나로, 약 5,000명이 거주한다. 이들은 북극곰과 순록, 고래 사냥, 어업 같은 전통 산업과 석유 및 광물 개발 산업에 종사하며 살아가고 있다. 2000년에는 북극이사회 사상 두 번째 장관회의가 개최된 역사적인 곳이기도 하다.

야생과 문명의 경계에서

———

우트키아비크는 12월 중순부터 1월 중순까지 한 달여간 24시간 내내 밤만 계속되는 극야의 동토다. 그 모습을 보지는 못했지만, 3월의 밤하늘도 매우 인상적이었다. 오후 여섯 시 반, 하얀 얼음 사막 너머로 붉은 해가 사라졌다. 시간이 좀더 흐르고 하늘이 완전히 깜깜한 흑막으로 뒤덮이자 잊을 수 없는 장관이 펼쳐졌다. 오로라라고 불리는 북극광의 녹색 커튼

우트키아비크.
눈에 걸리는 것 하나 없이 저 먼 수평선까지 해빙이 이어진다.

북극의 밤하늘에 너울대는 오로라.
알래스카 바로 옆 화이트호스에서 본 오로라다.
우투키아비크의 오로라도 이에 못지않게 신비롭고 아름답다.

이 밤하늘에 나타나 어지러움을 느낄 정도로 일렁거리기 시작했다.

이방인인 우리에게는 아름답기 그지없는 이 오로라를 우트키아비크 사람들은 약간 다르게 생각했다. 그들은 북극곰과 고래, 물개 등 생존을 위해 잡아먹은 동물들의 영혼이 떠돌아다니는 것이라고 설명했다. 어쩔 수 없이 동물의 목숨을 거둠으로써 자신의 목숨을 지켜온 선조들의 자책감과 미안함이 스민 설명이라는 생각이 들었다.

9세기부터 사람이 살기 시작한 우트키아비크의 주변 바다인 보퍼트Beaufort해는 북극해에서 가장 오래되고 전통 있는 고래 사냥터이기도 하다. 내 친구인 환이누이트위원회Inuit Circumpolar Council, ICC의 의장 짐 스토츠Jim Stotts는 고향인 우트키아비크를 방문할 때면 친척들이 마련해준 고래 고기를 받고 아이처럼 즐거워한다. 페어뱅크스Fairbanks에 있는 집에 가서 요리해 먹을 생각에 들뜬단다.

사냥한 동물에게 미안함을 느끼는 동시에, 우트키아비크 사람들은 1,000년 넘게 이어온 그들의 생존 방식인 북극곰 및 고래 사냥을 왜 국제기구 같은 외부에서 규제하는지 쉽게 수긍하지 못한다. 꼭 필요한 경우에만 하늘에 감사하며 조심스럽게 사냥해왔기에 그 동물들이 멸종 위기에 빠진 게 자신들의 탓은 아니라고 생각하기 때문이다. 그들이 '사냥할 권리'를 되찾기 위해 노력하는 이유다.

실제로 고래 사냥의 흔적은 우트키아비크 여기저기에서 볼 수 있다. 바닷가의 고래 뼈 공원이 대표적이다. 오로라가 동물들의 영혼이라는 말을 들어서인지 고래 뼈 공원 위로 오로라가 홀연히 나타나자 단순한 아름다움 이상의 것들이 느껴졌다.

매년 하지가 되면 우트키아비크에서는 나루카타크Nalukataq 라고 하는 축제가 열린다. 겨우내 바다가 얼어붙어 고래 사냥을 하지 못한 사람들이 얼음이 녹는 봄과 여름 동안 고래를 무사히 잡은 것에 감사하는 축제다. 말하자면 '고래 추수 감사절'이다. 이 축제의 절정은 바다표범 가죽으로 만든 담요에 고래 사냥을 이끈 대장 사냥꾼을 올려놓고 하늘 높이 헹가래질하는 것이다. 이로써 고래를 내려준 하늘에 감사를 표하고, 고래의 넋을 기리며, 고래를 잡아 주민들의 삶이 이어지게 한 대장 사냥꾼에게 소박하고도 특별한 존경을 나타낸다.

그렇다고 우트키아비크 사람들이 고래를 잡기만 하는 것은 아니다. 1988년 10월 갑자기 해빙이 두꺼워지면서 미처 북극해를 빠져나가지 못한 어린 귀신고래 세 마리가 바닷속에 갇히는 일이 발생했다. 고래는 수면 위로 올라와 숨을 쉬는데, 바다 전체가 얼게 되면 경험이 없는 어린 고래는 당황

고래 뼈 조형물과 공동묘지.
알래스카 원주민들은 죽은 고래와 사람의 영혼이 오로라가 된다고 믿는다.

해 어쩔 줄 몰라 한다.

　위기에 처한 귀신고래들은 원주민의 노력과 소련 쇄빙선 마카로프Makarov호의 도움으로 20일 만에 구출되었다. 냉전이 아직 종식되기 전임을 감안하면 놀라운 일이다. 이 이야기는 2012년 〈빅 미라클Big Miracle〉이라는 제목의 영화로 제작되었다. 냉전 종식이 얼마 남지 않은 시점이라고 해도, 소련 쇄빙선이 미국 해역에 공식적으로 진입한 전무후무한 사건이었다.

　북극이사회 회의가 개최된 장소는 탑 오브 더 월드Top of the World 호텔로, 우트키아비크의 유일한 3성급 호텔이었다. 어린 귀신고래들을 구출했을 당시 지휘 본부가 설치된 곳이기도 하다. 호텔의 위치로 따지자면 납득할 만하고, 시설 수준에 비하면 조금 과장된 이름인 듯하지만, 오랫동안 기억될 만한 이름임은 틀림없다. 회의를 마치고 호텔 뒤 해안가를 산책하다가 북극해의 파도에 밀려온 해빙 위에 서보았다.

　얼굴을 찢을 듯 부는 체감 온도 영하 30도의 칼바람과 눈을 제대로 뜨기 힘들 정도로 비추는 강렬한 햇빛, 표면이 울퉁불퉁해서 걷기조차 힘든 해빙을 온몸으로 느껴보면서 우트키아비크가 북극해에 접한 마을임을 실감했다. 이때 찍은 사진을 회의에 참석한 동료에게 보여주었더니, 다시는 그런

행동을 하지 말라고 경고했다. 며칠 전 나타난 북극곰 세 마리가 여전히 근처에 있을 텐데, 강한 햇빛으로 시야가 제한되어 얼음과 비슷한 흰색의 북극곰이 다가오면 나같이 경험 없는 이방인은 전혀 알아차리지 못해 매우 위험하다는 이유였다. 갑자기 호텔 앞 공동묘지가 떠올라 등골이 서늘해졌다.

언제든 야생의 존재와 맞닥뜨릴 수 있는 세계의 끝에도 우리나라의 흔적이 있다. 우선 극지연구소의 쇄빙연구선인 아라온호가 북극해 조사를 위해 이곳에 자주 기항한다. 심지어 한국 사람이 운영하는 조그만 식당도 있다. 그리고 일리사비크Ilisaġvik 대학교에서 공부하며 한국해양수산개발원에서 운영하는 북극아카데미에 참가했던 알렉스Alex가 강좌를 열어 자신의 한국 경험담을 이곳 사람들에게 소개 중이다. 이처럼 알래스카 최북단 땅끝 마을에도 한국의 색이 조금씩 스미고 있다.

방문 당시 국제 유가 하락과 미국의 셰일Shale가스 개발로 지역민의 70퍼센트 가까이가 실직한 상태였다. 높은 자살률과 알코올 및 마약의 확산, 가공식품 범람으로 지역사회의 불안정이 심각한 수준이라는 걱정 담긴 원주민 원로들의 고백을 들었다. 반대로 킴벌리Kimberly라는 이름의 여고생은 장차 지질학을 공부해 지하자원 개발로 자신이 태어나고 자라

온 지역의 부흥에 이바지하고 싶다는 소박한 꿈을 이야기했다. 이곳의 자연과 환경이 세월에 따라 변해왔듯이, 그들의 삶과 꿈도 단편적 관점으로만 볼 수 없을 정도로 다양해지고 있었다.

미국의 북극해 최전선에 있는 만큼 우트키아비크의 역할은 앞으로 계속해서 커질 것이다. 1,000년 넘게 흰올빼미와 고래를 사냥하며 살아온 사람들의 땅에도 정치와 경제, 과학과 신앙은 함께 존재하며 갈등하고 있다.

3장

차가운 땅,
뜨거운 충돌

북극의 정치와 경제

알래스카 매입이라는
'뻘짓'

미국 최북단 주州인 알래스카의 가장 큰 도시 앵커리지는 '쉽 크릭Ship Creek강 하구의 정박지'라는 뜻에서 그런 이름을 갖게 되었을 정도로 바다와 인연이 깊다. 앵커리지는 철도 및 항공과 연계되어 알래스카 전체의 물류 운송을 책임질 뿐 아니라, 베링해를 사이에 두고 러시아에 맞서 북극해를 관할하는 미국 군사기지들의 보급까지 맡고 있어 전략적 가치가 매우 높다.

알래스카는 1867년 미국이 러시아에서 720만 달러, 현재가 약 1억 달러에 매입한 땅이다. 면적이 대략 171만 제곱킬로미터이니, 한화로 계산하면 1제곱킬로미터당 평균 5,000원, 현재가 7만 원 정도에 불과하다.

알래스카의 면적은 한반도의 여덟 배가 넘고 미국의 모든 주 중에서도 가장 넓다. 또 이곳의 바다는 미국 배타적경제수역의 33퍼센트를 차지하는데, 그 크기가 한국 배타적경제수역의 8.5배를 넘는다. 아마 국가 간 금전 거래로 이루어진 사상 최대의 영토 확장일 것이다.

새로운 기회가 열리는 땅

추가치Chugach주립공원의 남쪽 해안선을 따라 앵커리지를 벗어나는 수어드Seward고속도로를 달리면 빙하 녹은 물과 함께 흘러든 부유물들이 인근 바다를 온통 잿빛으로 물들이는 광경을 볼 수 있다. 수어드고속도로의 명칭은 에이브러햄 링컨Abraham Lincoln이 대통령으로 당선된 1861년부터 앤드루 존슨Andrew Johnson이 대통령 임기를 마친 1869년까지 8년간 국무부 장관을 지내며 알래스카 매입을 책임졌던 윌리엄 수어드William Seward의 이름에서 따온 것이다. 알래스카는 1867년 미국 땅이 되었고, 1959년 마흔아홉 번째 주가 되었다.

당시 수어드는 알래스카에 만족하지 않고 엄청난 자원이 매장되어 있다고 믿은 그린란드와 아이슬란드도 매입하기를 원했다. 하지만 당시에는 그가 쓸모없고 사람도 살기 어

THE TWO PETER FUNKS.

RUSSIAN STRANGER—"*I say, little boy, do you want to trade? I've got a fine lot of bears, seals, icebergs and Esquimaux—They're no use to me, I'll swop 'em all for those boats you've got.*"

[*Billy, like other foolish boys, jumps at the idea.*]

수어드의 알래스카 매입을 풍자한 만화.
러시아가 쓸데없는 땅을 파는데도 "바보 같은(foolish)" 수어드는
아이처럼 좋아한다고 비꼬는 내용이다.

려운 눈 덮인 얼음 땅을 비싸게 샀다며 '수어드의 뻘짓'이라는 비난이 거셌다.

하지만 이후 엄청난 양의 석유와 가스, 금맥이 알래스카에서 발견되었고, 이곳을 기반으로 미국이 알류샨Aleutian 열도를 포함한 북태평양 대부분을 관할권에 두게 됨으로써, 수어드가 바랐던 대로 역사상 가장 위대한 부동산 거래로 평가받게 되었다. 한마디로 대박이었던 셈이다. 이로써 알래스카는 미국이 태평양을 지배하는 해양국가로 자리매김하고, 북극권에 영향력을 행사하는 데 결정적인 역할을 했다. 만약 알래스카가 지금도 러시아의 영토였다면, 또는 미국이 그린란드나 아이슬란드까지 매입했다면 어떤 일이 생겼을까.

'만약'이라는 단어로 역사를 새로 쓸 수는 없지만, 러시아가 알래스카를 팔지 않았다면 유럽과 아시아, 북아메리카까지 이어진 3대륙 국가가 되어 세계 최강국으로 군림하고 있을지 모를 일이다. 반대로 미국이 그린란드와 아이슬란드까지 매입했다면 유럽까지 이어진 2대륙 국가가 되었거나, 그린란드가 유럽이 아닌 북아메리카에 속하게 되었을 것이다.

'마지막 개척지'라는 별명을 가진 알래스카는 미국에서 석유와 가스의 매장량이 여섯 번째로 많은 주다. 특히 미국 내 해저 석유의 30퍼센트가 이곳에 매장되어 있다. 석유 산업은 알래스카의 주력 산업인데, 1976년부터 그 이익금을 모아 조성한 알래스카영구기금Alaska Permanent Fund의 가치가 현재 760억 달러에 이른다고 한다. 이를 바탕으로 1982년부터 일정 기준을 충족하는 거주민에게 매년 1,000~2,000달러의 직접배당금을 지급하고 있다.

하지만 파이프라인을 타고 캐나다를 거쳐 미국 본토에 공급되던 알래스카의 석유와 가스는 셰일가스 생산 확대와 국제 유가의 하락으로 경쟁력을 크게 잃고 있다. 엎친 데 덮친 격으로 재생에너지자원의 강력한 도전에도 직면했다. 바다 건너 에너지자원이 늘 부족한 동북아시아 국가들로의 수출도 요원한데, 선박을 이용해 자원을 운송하는 기반시설을 갖추고 있지 못하기 때문이다.

이런 점에서 알래스카 수산업의 약진이 더욱 눈에 띈다. 실제로 수산업은 제조업 고용의 70퍼센트를 책임질 정도로 알래스카의 핵심 산업이다. 북극해에서는 고기잡이가 금지되어 있기에, 알래스카 수산업은 베링해를 중심으로 이루어진다. 그러면서 미국 내 수산물 생산의 60퍼센트를 담당한다. 4대째 운영 중인 수산물 가공 회사 쿠퍼리버시푸드Cooper River Seafoods를 방문했을 당시 연어와 넙치의 크기에 놀랐고, 인근 식당에서 맛본 피시 앤드 칩스fish and chips의 신선함과 고소함은 일품이었다.

관광 명소로 사랑받는 캡틴 쿡 공원.
알래스카 탐사에 큰 공을 세운 영국인 탐험가
제임스 쿡(James Cook)의
업적을 기리기 위해 조성한 공원이다.
바다를 바라보고 있는 동상이 바로 쿡이다.

관광 산업도 알래스카 경제의 효자 노릇을 하고 있다. 베링해와 북극해를 탐방하고자 연간 120만 명이 넘는 관광객이 여객선을 타고 알래스카를 방문한다. 특히 2016년에는 STX의 유럽 조선소에서 건조된 여객선 크리스탈세레니티Crystal Serenity호가 1,700여 명의 관광객을 태우고 알래스카를 떠나 북극해를 거쳐 뉴욕까지 항행하는 역사를 쓰기도 했다. 당시 32일간의 관광 경비는 2~12만 달러였는데, 높은 관심을 받아 매진되었다.

바닷길뿐 아니라 하늘길도 알래스카의 경제를 책임진다. 앵커리지에서 비행기를 타면 열 시간 내에 전 세계 산업화 지역의 90퍼센트를 갈 수 있다. 이런 이유로 항공 운송이 크게 발달해 현재 북아메리카 2위, 세계 5위의 항공 운송량을 담당하고 있으며, 우리나라도 매일 열네 편의 화물기가 앵커리지를 오간다. 페덱스FedEx와 DHL, 유나이티드 파슬 서비스United Parcel Service, UPS 등 세계 굴지의 물류 기업들이 앵커리지의 지리적 입지를 활용한 배송 시스템을 운영하고 있으며, 아마존Amazon과 알리바바Alibaba도 진출을 검토 중이다. 현지 관계

알래스카의 하늘길.
전 세계의 산업화 지역과
곧바로 닿는다.

자의 말에 따르면 아시아까지는 일곱 시간 정도면 갈 수 있다고 한다. 아직 아시아와 연결된 여객기 직항편이 없어 알래스카의 잠재력이 충분히 발휘되고 있지 못하지만, 그런데도 아시아 관광객은 매년 10퍼센트 이상 증가하고 있단다.

북위 64도의 아이슬란드 레이캬비크가 북대서양 끝에서 유럽과 북아메리카를 잇는 허브로 성장했듯, 비슷한 위도의 알래스카 앵커리지도 북태평양 끝에서 아시아와 북아메리카를 잇는 교두보로 자리 잡고 있다. 앵커리지의 물류시설은 육로로 연계하기가 어려운 북극권을 묶어내는 매듭이다. 이처럼 앵커리지는 또 다른 '정박지'로 변모해가고 있다.

알래스카 원주민은 북아메리카 최초의 인류다. 그중 알류트Aleut족은 대표적인 해양 종족으로, 알래스카는 이들의 말로 '섬이 아닌 큰 땅'이라는 뜻이다. 흥미로운 것은 알류샨열도의 유인도 예순아홉 개 중 캄차카Kamchatka반도 쪽 두 개 섬은 여전히 러시아 영토로, 미국이 알래스카를 매입한 후에도 알류샨열도에는 러시아 출신 사람과 미국 사람의 공존이 계속되고 있다는 점이다.

시내에서 연어 낚시를 할 수 있는 앵커리지에서 만난 사람들은 누구 할 것 없이 기후변화를 크게 걱정하고 있었다. 2020년 알래스카는 역사상 가장 덥고 건조한 여름을 겪었다. 더위 자체에도 적응력이 거의 없는 이곳 사람들은 기후 변화가 일으킬 생태계 파괴, 주거와 삶의 방식 변화, 예상치 못한 재해의 발생, 산업 기반의 약화 등에 마땅한 대안을 찾지 못하고 있었다. 전 세계인이 당면한 문제, 즉 삶을 위한 경제 활동이 우선인지, 기후변화의 완화, 또는 적응이 우선인지를 놓고 오랫동안 차가웠던 알래스카도 예외 없이 고민 중이다. 아마 신종 코로나바이러스의 확산은 그들에게 또 다른 숙제가 되었을 것이다.

알래스카는 북아메리카에서 인류의 역사가 시작된 곳이다. 또한 엉터리 거래라는 오명과 대반전을 겪은 끝에, 북극권을 아우르는 물류 허브의 새로운 시작점으로 거듭난 곳이다. 이제는 국제 정세의 격변과 기후변화라는 전대미문의 새로운 도전에 직면해 또 다른 반전을 모색하고 있다.

세상의 끝에서 만난
가스 왕국

2017년 8월 말 모스크바Moskva를 출발한 러시아제 투폴레프 Tupolev-214 비행기가 시베리아 영구동토층 위를 지나 북동쪽 끝을 향해 날아갔다. 구릉지와 나무는 찾아볼 수조차 없는 툰드라 지역을 셀 수도 없을 만큼 많은 습지가 마치 물방울무늬로 수놓듯 펼쳐져 있었다. 비행기는 출발한 지 세 시간여 만에 북극해를 마주한 야말반도에 들어섰다.

'세상의 끝'이란 뜻답게 야말반도의 자연환경은 극단적이다. 가을, 겨울, 봄에는 기온이 최저 영하 50도까지 내려가 눈과 얼음이 지배하다가, 여름 한 철 지표면이 녹아 습지로 변한다. 네네츠족 등 원주민이 전통 방식을 어렵사리 지켜내며 순록을 키우고 물고기를 잡아 평화롭게 살아가던 곳이었지만,

21세기 들어 기술의 발달과 자원 수요의 급증, 온난화의 영향으로 세계 최대 천연가스 매장지 겸 생산지로 탈바꿈했다.

비행기 창밖으로 샛노란 불꽃을 뿜어내는 구조물들이 저 멀리 보였다. 각종 파이프라인과 장비로 가득한 액화천연가스 생산시설이었다. 비행기는 사베타Sabetta라는 낯선 곳에 착륙했다. 200인승 비행기가 활주로에 미끄러지는 느낌이 예전에 경험한 비포장 활주로와도 다르고, 아스팔트로 단단히 포장된 활주로와도 달랐다. 내려서 보니 활주로가 마치 지하철 공사장의 복공판처럼 콘크리트로 만든 패널을 이어 붙인 형태였다. 그렇게 처음으로 사베타가 조립식 도시임을 알게 되었다.

야말반도는 습지에 가까운 지형적 특성 때문에 무엇을 짓든 지반 안정화 작업이 필수적이다. 사베타에 박혀 있는 말뚝pile만 5만 4,000개에 이른다고 한다. 그런데 워낙 고립된 지역이라 건설 자재를 현지에서 조달하기 어렵다. 그래서 외부에서 모듈 형태로 제작해 선박으로 가져와 조립한다. 예를 들어 도로와 활주로는 콘크리트 패널을 이어 붙이고, 항만이나

조립식 활주로.
습지에 가까운 지형 때문에
패널을 이어 붙여 만든다.

액화천연가스 생산시설은 각종 화물의 무게를 견디기 위해
강철 패널을 이어 붙여 만든다. 건물도 예외가 아니어서 표
준화된 조립식 자재를 이어 붙이고 쌓아 마치 블록 장난감처
럼 만든다.

21세기판 노다지

사베타는 야말반도의 동쪽, 북위 71도에 있는 항구 마을이
다. 사실 마을이랄 것도 없고, 야말반도 여기저기서 모은 천
연가스를 액화해 저장하다가 전용 선박으로 운반하기 위해
만들어진 거대한 공장에 가깝다. 물론 이곳에서 일하는 근로
자들을 위한 숙소와 편의시설이 있지만, 우리가 상상하는 마
을이나 도시와는 매우 다른 곳이다.

내가 사베타에 갔을 때는 한여름이었다. 그런데도 한낮의
기온이 10도에 불과했다. 저녁에는 4~5도까지 떨어져 우리
의 초겨울 날씨와 비슷했고, 서늘한 수준을 넘어 싸늘한 바
람이 이방인의 옷 사이를 비집고 들어왔다.

러시아가 나를 포함한 북극 전문가들을 이곳 세상의 끝으
로 초청한 이유는 사베타에서 액화천연가스를 처음으로 선
적하는 일을 기념하고, 앞으로의 운영 계획을 홍보하기 위해

서였다. 그런 이유로 마련된 국제회의는 거대한 액화천연가스 생산시설이 가득한 단지 내의 체육관에서 개최되었다. 사베타에 200여 명을 수용할 크기의 회의장은 없기에, 체육관을 잘 꾸며 대신한 것이다.

백야가 막 끝난 8월 말이라 오후 열한 시가 되어서야 어스름한 밤이 찾아왔다. 내가 묵은 호텔은 근로자들의 숙소와 똑같이 주홍색과 감청색으로 단장해 약간은 촌스럽게 느껴지는 곳이었다. 창밖 멀리 보이는 액화천연가스 생산시설의 불꽃이 캠프파이어처럼 번뜩이며 타올랐다. 방문객은 늦은 밤에 돌아다니지 말라는 경고를 들었지만, 아무것도 보이지 않는 북극의 밤을 감상하기 위해 호텔을 나섰다. 한번은 털갈이를 시작해 회색빛이 도는 북극여우가 가까이 와 깜짝 놀라기도 했다. 그도 그럴 것이 북극여우가 옮길 수 있는 광견병과 시베리아에서 발현한 탄저균에 대한 경고를 들었기 때문이다. 북극여우가 접근하자 다들 우왕좌왕하며 호텔로 서둘러 돌아가는 모습에 근로자들이 실소를 터뜨리기도 했다.

야말반도는 인류가 석유 경제의 시대를 넘어 본격적인 가스 경제의 시대로 들어섰음을 알리는 신호탄 같은 곳이다. 야말반도가 있는 야말로네네츠Yamalo-Nenets자치구는 서西시베리아 북쪽 끝에 있으며, 그 크기가 한반도 면적의 3.8배에

액화천연가스 생산시설의 낮과 밤.
사베타는 도시라기보다는 하나의 거대한 액화천연가스 생산시설이다.
밤에는 가스를 태우는 불꽃이 멀리서도 보일 정도다.

달한다. 전 세계 천연가스 생산량의 약 20퍼센트, 러시아 천연가스 생산량의 85퍼센트를 담당하는 세계 최대의 천연가스 생산지 중 하나다.

야말반도의 천연가스 매장량은 1조 세제곱미터에 달하는데, 그중 12퍼센트 정도만 개발되었다고 하니, 잠재력이 놀라울 따름이다. 세상의 끝에 있는 '가스 왕국'이라고 해도 과언이 아니다. 러시아는 야말반도의 천연가스 개발을 위해 2009년부터 각종 시설을 짓기 시작해 2017년 1차 시설을 완성, 생산에 들어갔다. 총투자비로 무려 270억 달러에 이르는 자금이 투입된 초대형 프로젝트다. 지금은 세 개의 생산 시설에서 연간 1,650만 톤의 액화천연가스를 생산하고 있다. 이 정도면 세계 3위의 액화천연가스 수입국인 한국이 연간 소비하는 4,200만 톤의 약 40퍼센트에 이르는 양이다. 이 프로젝트는 세계 최대의 천연가스 매장량을 가진 러시아가 진정한 가스 왕국으로 도약하는 시발점이 될 것이다.

천연가스를 차지하기 위한 각국의 치열한 경쟁과 협력이 야말반도에서 펼쳐지고 있다. 천연가스 개발 사업을 진두지휘하는 운영사 야말LNG의 지분을 살펴보면 러시아의 노바텍Novatek이 50.1퍼센트, 프랑스의 토탈Total이 20퍼센트, 중국의 중국석유천연가스공사China National Petroleum Corporation, CNPC가 20퍼센트, 실크로드기금Silk Road Fund이 9.9퍼센트를 가지고 있

다. 특히 일대일로一帶一路 프로젝트를 위해 설립된 실크로드
기금이 약 14억 달러를 투자한 것은 중국의 북극 확장 의도
를 잘 보여준다. 결국 중국은 2018년 발간한 《북극정책백서》
에서 '폴라실크로드Polar Silk Road'라는 이름으로 북극항로를 일
대일로에 편입했다.

  수많은 다국적 기업도 참여 중이다. 항만과 가스 설비는
프랑스의 테크닙Technip과 일본의 JGC 및 치요다Chiyoda가, 발
전 설비는 러시아의 테크노프롬엑스포트Technopromexport와 독
일의 지멘스Siemens가, 선박은 우리나라의 대우조선해양이,
장비 운송은 중국의 상하이진화항만기계공사Shanghai Zhenhua
Port Machinery Company, ZMPC와 네덜란드가 맡았다. 미국을 포함
한 15개국 260여 개 기업이 프로젝트에 참가하고 있고, 상주
근로자만 최대 3만 명에 이른다고 한다. 2014년부터 이어지
고 있는 우크라이나 사태로 미국과 유럽연합이 러시아에 제
재를 가하는 상황에서 조금 의아한 일이라고 할 수 있다.

  러시아와 새로운 가스 패권국으로 부상한 미국의 대결은
불가피해 보인다. 하지만 야말반도의 천연가스 개발이 성공
적으로 진행되며, 북극 개발에 관해 러시아는 자신감과 경험
을, 이 사업에 참여한 많은 다국적 기업은 기대감을 얻었다.
이는 또 다른 개발을 위한 동력이 될 것이다.

내가 사베타를 방문했던 2017년은 고르바초프가 무르만스크선언으로 북극항로 개방을 선언하고 북극에 묻혀 있는 에너지자원 개발을 위한 협력을 촉구한 지 30년째 되는 해였다. 그리고 이제 곧 야말반도의 천연가스 개발 사업보다 더 규모가 큰 두 번째 사업(Arctic LNG 2)이 본격화된다.

이는 그들만의 이야기가 아니다. 우리 앞에 에너지자원 확보 및 운송과 거기에 필요한 선박 및 각종 장비 공급이라는, 즉 '자원-해운-조선'의 세트로 구성된 절호의 경제적 기회가 펼쳐진 것이다. 야말반도의 액화천연가스 생산시설이 뿜어낸 불꽃의 의미를 이해하는 노력과 전략이 필요하다. 미래는 도전하는 국가의 것이다.

북극 바다의 지배자, 원자력쇄빙선

강렬한 추억이었다. 붉은색의 거대한 원자력쇄빙선인 승리 50주년기념50th Anniversary of Victory호는 시속 20노트(36킬로미터)에 가까운 속도로 북위 70도를 넘나들며 검푸른 북극해를 갈랐다. 짙푸른 파도를 돌파하며 맹수의 아우라를 풍기는 이 배가 마치 멸종된 고대 상어, 메갈로돈처럼 느껴졌다. 북극해의 바람 소리와 날카로운 선체가 파도를 가르며 내는 파열음이 매섭게 귓전을 때렸다. 해는 24시간 지지 않고 오르락내리락하며 수평선을 따라 돌기만 했다. 마치 태양이 떠 있는 북극을 세상의 중심에 놓고 그 주위를 빙빙 도는 듯한 느낌이었다.

원자력쇄빙선을 타기 위한 여정은 간단치 않았다. 배는 시베리아 동쪽 베링해에 정박해 있었는데, 한국에서는 바로 갈 수 없는 곳이라 모스크바를 거쳐야 했다. 부산에서 인천으로 간 다음, 비행기를 타고 서쪽으로 열 시간을 날아서 모스크바에 도착, 다음 날 러시아가 제공한 전세기를 타고 다시 동쪽으로 열한 시간을 이동해 유라시아의 동쪽 끝 도시인 추코트카Chukotka자치구의 주도 아나디르Anadyr에 도착한 것은 2016년 8월의 마지막 날이었다.

공항에 내려 이곳 원주민인 축치Chukchi족의 무사안전을 기원하는 의식을 관람하고, 새롭게 설립된 북극해 구조·구난센터 홍보관을 지나 항구로 향했다. 그곳에서 다목적 쇄빙구조선인 카레프Kalev호를 타고 베링해를 세 시간여 항해한 끝에 마침내 원자력쇄빙선으로 옮겨 탈 수 있었다. 꼬박 24시간이 걸린 대장정이었다. 곧바로 러시아가 주최한 선상 국제회의가 시작되었다.

쇄빙선 중의 쇄빙선

─────

세계 최대의 쇄빙 기계라 할 수 있는 승리50주년기념호는 매우 특별한 배다. 1989년 건조가 시작되었을 때 이름은 우랄Ural호였다. 소련의 붕괴로 중단되었던 건조는 1995년 제2

원자력쇄빙선의 선교.
승리50주년기념호는 특유의 빨간색 때문에 멀리서도 보인다.
새파란 북극해를 가르는 자신감의 표출 아닐까.

차 세계대전의 승리 50주년을 기념한다는 의미에서 재개되었다. 이후에도 난관은 계속되었다. 큰불이 나 선체가 손상되는 등 우여곡절을 겪은 끝에 무려 '승리 60주년'이 지나서야 작업은 본궤도에 올랐고, 결국 건조를 시작한 지 18년 만인 2007년 5월에야 완성되었다. 건조하는 데 오래 걸렸어도 성능에 문제는 없었다. 2007년 8월 2일 북극점 해저에 티타늄으로 만든 1미터짜리 러시아 깃발을 꽂고 해저 토양을 채취하는 데 성공했다. 그 후 100회가 넘게 북극점을 다녀옴으로써 러시아를 대표하는 원자력쇄빙선이 되었다.

승리50주년기념호는 현재 운용되고 있는 지구 최강의 비군사 목적 원자력선이다. 길이 159.6미터, 폭 30미터, 배수량 2만 5,840톤의 이 배는 171메가와트급 원자로 두 기로 50톤짜리 프로펠러 세 개를 돌려 최대 시속 21.4노트의 속도를 낼 수 있다. 그 힘으로 2.8미터 두께의 얼음까지 깨며 전진한다. 우리나라의 쇄빙연구선 아라온호가 최대 시속 16노트의 속도에 1미터 두께의 얼음까지 깨는 것과 비교하면 승리50주년기념호의 힘이 어느 정도인지 가늠할 수 있을 것이다.

원자력쇄빙선이기에 연료를 교체할 필요가 없다고 생각할 수 있지만, 5~7년마다 우라늄을 교체한다. 외부 승객은 최대 128명까지 수용할 수 있고, 승무원은 140명이 탑승한다. 식수는 해수담수화 설비를 이용해 하루 최대 100톤까지

만들어내도록 설계되었다. 모든 쓰레기는 태워 없앤다.

승리50주년기념호의 가장 중요한 임무는 북극해 운항 선박을 에스코트하는 것이다. 북동항로를 이용하는 상선 앞에서 해빙을 깨줌으로써 안전한 항행을 보장하고 만일의 상황에 대비한다. 물론 공짜는 아니다. 그 밖에 과학 조사, 관광 등 다양한 분야에 활용되고 있다. 특히, 지금은 중단된, 100여 명의 관광객(대부분 중국 사람)에게 1인당 4만 달러에 가까운 승선료를 받고 북극점까지 왕복하는 관광 프로그램이 인기였다. 2014년 러시아 소치Sochi에서 동계올림픽이 열렸을 때는 성화를 북극점까지 봉송하기도 했다. 모항이 있는 무르만스크부터 북극점까지 약 2,300킬로미터 거리를 쇄빙하며 항행하는 데 80시간 정도 걸린다고 한다.

그런데 왜 지구상에서 가장 춥고 위험한 얼음 바다인 북극해에 원자력쇄빙선이 다니는 것일까. 그것은 북극해의 특성 때문이다. 빙해에서 항행하려면 얼음을 부수고 지나갈 수 있는 쇄빙 능력이 필요하다. 쇄빙 능력은 배의 무게에 크게 좌우되는데, 배가 무거울수록 얼음은 쉽게 부수지만, 움직이는 데 연료가 많이 들어간다. 그러려면 연료를 자주 공급할 수 있게 관련 시설이 많아야 하지만, 북극해 연안에는 여전히 부족한 게 사실이다. 그래서 장기간 연료 공급이 필요 없는 원자력쇄빙선이 필요한 것이다. 원자력쇄빙선은 다른 연료

원자력쇄빙선에서 즐기는 농구.
승리50주년기념호는 거대한 크기만큼이나
안에 없는 것이 없어 작은 마을과 비슷하다.

를 사용하는 쇄빙선보다 배 이상의 쇄빙 능력을 자랑한다.

승리50주년기념호에서 내가 묵었던 방은 외부인을 위해 만든 예순네 개 객실 중 하나였다. 12제곱미터 정도의 크기로 화려하지는 않았지만, 화장실과 샤워실도 설치되어 있었다. 선내에는 병원과 체육관도 있어 작은 마을 같았다. 방문은 아날로그 감성이 잔뜩 묻어나는 열쇠로 여닫을 수 있었는데, 이 배의 진짜 나이를 추정하게 했다.

건조한 지 오래되었어도 여전히 쌩쌩한 승리50주년기념호는 27시간 만에 미국과 러시아의 경계인 베링해협을 통과, 북극해로 들어섰다. 그곳에서 쇄빙유조선인 슈투르만알바노프Shturman Albanov호와 북극항로를 나란히 항행하기도 했다. 삼성중공업이 건조한 배였다. 회의를 더욱 극적으로 연출하려는 러시아의 의도였을까. 한국 사람으로서 북극해를 더

객실 열쇠.
배의 나이를 짐작하게 한다.

욱 가까이 느끼게 되었다. 승리50주년기념호가 예순여섯 시간 만에 2,000킬로미터의 북극항로를 주파하는 동안 진행되었던 회의는 배가 북극항로의 동쪽 끝 항구 도시인 페베크Pevek에 도착하는 것으로 마무리되었다.

선상에서 제일 힘들었던 점은 해가 지지 않는 일조 환경과 시베리아 동쪽 해역을 항행하는데도 배의 시간은 모스크바에 맞춰져 있었다는 것이다. 마치 몸은 한국에 있지만, 시간은 모스크바에 맞춰 사는 생활 같아서 정상적인 생활리듬을 유지하기가 쉽지 않았다. 선상에서 오래 지내다 보면 익숙해질 일이겠지만, 회의를 위해 탑승한 외부인에게 만만치 않은 도전이었다.

이런 이유로 잠을 제대로 자지 못했지만, 덕분에 배의 이곳저곳을 시도 때도 없이 돌아다닐 수 있었다. 원자로가 설치된 배였지만, 놀라울 정도로 내부를 제한 없이 공개했다. 선교는 물론이고 기관실과 추진 설비, 해수담수화 설비, 심지어는 선원 숙소까지 자유롭게 구경하도록 허용했다. 방사능 표시가 여기저기 있었지만, 정작 그 농도를 보여주는 계기판이 없어 정말 안전한지는 확인할 수 없었지만 말이다.

보통 북위 66.5도를 북극권의 기준으로 삼는데, 그렇다면 북극권은 70퍼센트 이상이 바다이고, 그중 약 20퍼센트는 인류의 공동자산인 공해다. 이런 이유로 쇄빙선의 중요성은 절대적이다. 달리 말해 북극해를 항행할 수 있는 배를 갖지 않고서는 북극에 대한 도전이 '탁상에 펼쳐진 지도 위에서의 도전'에 머물게 된다는 것이다. 이것이 러시아와 각을 세우는

선내 방사능 표시와 중국어를 덧붙인 시설 안내도.
최근 중국인 관광객이 많이 방문함을 알 수 있다.

미국과 캐나다뿐 아니라, 노르웨이, 중국, 일본 등이 최근 쇄
빙선 건조에 열을 올리는 이유다. 이러한 움직임이 북극해에
서 새로운 갈등을 일으킬지 모르지만, 과학 연구와 안전하고
투명한 경제 활동을 위해 쇄빙선이 더욱더 필요해질 것이다.

특히 러시아는 쇄빙선 확대 정책에 따라 승리50주년기념호
를 넘어서는 강력한 원자력쇄빙선 세 척을 준비 중이다. 3미
터 두께의 얼음까지 깨며 항행할 수 있는 북극Arttika호, 시베
리아Siberia호, 우랄호가 2021년부터 차례차례 투입되어 러시
아의 북극 지배력을 더욱 강화할 것이다. 중국은 2018년 원

자력쇄빙선 건조를 선언했는데, 만약 이 배가 북극해를 항행하게 된다면 북극은 지금껏 경험하지 못한 경쟁시대에 접어들 것이다. 3일간의 짧은 항행이었지만 원자력쇄빙선의 기억은 여전히 강렬하다.

산타클로스의 특별한 선물, 북극이사회

북극을 이야기하는데 루돌프와 산타클로스를 빼먹을 수는 없다. 북위 66도 33분, 북극권이 시작하는 곳에 있는 핀란드 라플란드Lapland의 주도 로바니에미Rovaniemi는 산타클로스 마을로 유명하다. 지금까지 로바니에미를 찾은 건 모두 세 번이지만, 그중 겨울 방문은 2015년뿐이었다.

기온이 영하 10도까지 떨어진 로바니에미에 도착한 건 11월의 어느 날 오후 여덟 시로, 해가 진 지 여섯 시간이 넘은 시각이었다. 눈이 수북이 쌓인 언덕 위로 도드라진 순록 형상의 황금빛 네온사인이 나를 가장 먼저 반겨주었다. 시내 이곳저곳을 밝히는 가로등도 순록 뿔 모양이었다. 실로 도시 전체가 순록 상징물로 덮여 있었다.

레스토랑에서도 순록을 피해 갈 수 없었다. 순록 요리를 파는 식당은 매년 순록 뿔로 실내등을 장식한다. 순록은 암수가 모두 뿔이 있는데, 1년에 한 번씩 새 뿔이 돋는다. 순록 요리는 북부 핀란드 사람들에게 주된 단

순록 요리.
여느 곳의 순록 요리보다 맛있었다.

백질원이다. 로바니에미의 한 식당에서 맛본 순록 요리는 떡 갈비처럼 고기를 으깨 부드럽게 만든 것에 일반적인 스테이크와 감자를 곁들인 것이었다. 산타클로스의 친구 루돌프가 순록인데, 겨울 핀란드에서 순록 요리라니! 묘한 기분이 들었지만, 북극 여느 지역에서 맛본 순록 요리보다 맛있었다.

로바니에미가 쏘아 올린 협력 정신

로바니에미가 더욱 유명해진 것은 이곳에 산타클로스 마을이 있기 때문이다. 이 마을에는 산타클로스의 집무실과 전용 우체국이 있어 그를 만날 수도 있고, 편지로 소통할 수도 있다. 매년 50만 명 가까운 관광객이 이곳을 방문하고, 전 세계에서 수만 통의 편지가 배달된다. 내가 갔을 때도 많은 나라

에서 보낸 편지가 도착해 있었는데, 한국에서 온 편지도 꽤 많았다. 운이 좋으면 산타클로스와 그를 돕는 요정elf들이 쓴 답장을 받을 수도 있다.

산타클로스에게 답장은 못 받아도 자신이 이곳에서 부친 편지를 크리스마스에 받아볼 수는 있다. 이곳 우체국의 특별 서비스로, 얼마 전 수신 가능 지역을 한국까지 확장했다. 관광객들이 산타클로스 마을에 쓰는 돈이 연간 2억 달러를 넘는다니, 6만 명 남짓한 주민이 사는 로바니에미로서는 그야말로 엄청난 크리스마스 선물임이 틀림없다.

산타클로스는 터키 파타라Patara에서 태어난 성 니콜라스Saint Nicholas를 모델로 한 가상의 인물이다. 그는 아이들을 좋아해서 매년 12월이 되면 선물을 주었다고 한다. 그의 이야기는 유럽 전역에 널리 퍼졌고, 소문을 들은 네덜란드 사람들이 북아메리카로 이주한 후 자선가들을 그의 이름으로 부르면서 네덜란드식 발음 산타 클레우스Santa Claus가 그대로 굳어져 지금의 산타클로스가 탄생했다.

따라서 로바니에미는 사실 산타클로스와 크게 관련이 없다. 다만 19세기 중반 토머스 내스트Thomas Nast라는 풍자만화가가 산타는 북극점에 산다고 묘사하면서 지중해 연안에서 태어난 성 니콜라스의 이야기가 북극권에 둥지를 틀었다. 그러면서 각 지역의 옛이야기들과 얽히고설키며 많은 산타클

산타클로스 앞으로 온 편지들.
로바니에미는 산타클로스 특수를 톡톡히 누리는 곳이다.

로스 마을이 등장한 것으로 보인다.

산타클로스가 실제로 살고 있다고 주장하는 곳도 여럿 있다. 로바니에미가 '공식' 산타클로스 마을이지만, 핀란드 사람들은 그가 코르바툰투리Korvatunturi라는 좀더 북쪽의 숲에 산다고 생각한다. 스웨덴 사람들은 모라Mora라는 지역의 깊은 숲속에 산다고, 노르웨이 사람들은 드로박Drobak이라는 곳에서 태어났다고, 덴마크와 그린란드 사람들은 그린란드의 콩스가르덴Kongsgarden에 산다고 생각한다.

자본주의 국가인 미국도 가만히 있지 않는다. 알래스카의 노스폴North Pole이라는 작은 마을은 산타클로스와 크리스마스 이야기로 가득 차 있다. 물론 성 니콜라스가 생의 대부분을 보낸 터키의 미라Myra도 빼놓을 수 없다. 개인적으로 산타클로스가 한 명이 아니기를 바란다. 그가 어디에 살든 아무렴 어떠한가. 지구 구석구석의 모든 착한 아이에게 선물을 주기 위해서라면.

로바니에미는 산타 말고도 북극과 관련해 매우 중요한 의미가 있는 곳이다. 1989년 긴 냉전 끝에 미국과 소련이 다른 여섯 개 나라와 북극의 환경 문제를 논의하기 위해 처음으로 회의를 연 곳이 바로 로바니에미다. 1991년 다시 이곳에서 개최된 최초의 장관회의에서 북극환경보호전략Arctic Environmental Protection Strategy이 승인됨으로써 북극 문제는 40년 넘게 이어진 냉전의 긴 암흑기를 끝내고 국제적 수준의 논의를 가능케 한 결정적 계기가 되었다.

1996년 북극환경보호전략은 북극권 국가들의 협의체로는 가장 영향력이 큰 북극이사회 창설로 이어졌다. 이러한 일련의 과정을 '로바니에미 프로세스Rovaniemi Process'라 부르는데, 오늘날까지 북극의 평화로운 이용과 협력의 정신을 상징하고 있다. 북극이사회는 산타클로스 마을인 로바니에미가 전 세계 사람들에게 준 가장 큰 선물이다. 비록 옵서버국가

이기는 하지만, 우리나라도 북극이사회에 가입하게 되어 체계적인 북극 정책을 추진할 수 있게 되었다는 점에서 로바니에미가 준 선물의 수혜자임은 분명하다.

북극이사회는 북극의 다양한 문제를 다루는 국가 간 포럼으로 주로 지속 가능한 발전과 환경 문제, 과학을 중심으로 한 국제 협력을 논의한다. 북극권에 영토나 영해를 가진 여덟 개 국가가 정식 회원국이고, 우리나라를 비롯한 열세 개 국가가 옵서버국가로 가입되어 있다. 특이한 점은 여섯 개의 원주민 단체도 상시참여자Permanent Participants라는, 정식 회원국과 동등한 자격으로 회의에 참석해 제한 없는 발언권을 행사한다는 것이다.

2020년은 북극이사회 역사에 '특별한' 해였다. 북극이사회가 태동한 로바니에미에서 개최된 제11차 장관회의가, 그 전의 모든 장관회의와 달리 공동선언문 도출에 실패하며 끝나버린 것이다. '기후변화'라는 단어 사용을 놓고 미국과 나머지 국가들이 충돌한 것이 가장 큰 이유였다. 결국 의장국인 핀란드가 의장 성명을 발표하고 부속 문건을 채택하는 선에서 반쪽짜리 마무리를 할 수밖에 없었다.

과학과 국제 정세가 유리된 여러 사례 중 하나라고 치부할 수 있으나, 그 불협화음의 장소가 북극이사회의 고향이나 다름없는 로바니에미라는 데 특히 가슴 아팠다. 30년 전 로바

2017년 열린 제10차 북극이사회 장관회의.
미국이 본격적으로 자신의 이해를 강하게 주장하고 나섰다는 점에서 주목받았다.

니에미가 쏘아 올린 협력 정신의 수명이 다하지 않았길 바랄 뿐이다. 다행히 2021년 5월 아이슬란드 레이캬비크에서 개최된 제12차 북극이사회 장관회의에서는 협력의 불씨가 되살아났다. 산타클로스의 축복이 가득 담긴 선물들이 다시 한 번 지구촌 구석구석에 뿌려지길 희망한다.

핀란드는 북극해의 연안국은 아니지만, 겨울철만 되면 얼어붙는 발트해와 보트니아Bothnia만 때문에 세계 최고의 쇄빙 기술을 확보하고 있고, 정보통신 분야에서도 선도적인 국가다. 또 러시아와 함께 북극항로 해저에 케이블을 깔아 북극권의 통신시설을 확충하는 데 앞장섰고, 현재는 북유럽과 아시아 간의 새로운 통신로 개설을 검토 중이다. 최근에는 로바니에미를 중심으로 한 북부 지역의 철도를 노르웨이 시르케네스Kirkenes까지 연장해 북극해로 진출하는 계획을 추진하고 있다.

이 계획대로라면 핀란드는 시베리아철도 및 유럽철도를 북극해 항로와 연결하는 거점이 된다. 또한 라플란드 지역의 풍부한 지하자원을 동아시아에 공급하고, 필요한 에너지자원을 바렌츠해를 통해 가져올 기반시설을 확보하게 될 것이다. 이는 북극의 배후 권역을 세계 경제의 중심지인 서유럽까지 확대하는 계기가 될 수 있다. 이처럼 로바니에미는 새로운 북극 경제의 중요한 축으로 변모 중이다.

한국해양수산개발원은 2015년부터 북극권 학생들과 우리나라 학생들이 같이 북극을 배울 수 있는 북극아카데미를 운영하고 있다. 제1회 프로그램에 참여했던 티나Tiina는 로바니에미 출신으로, 산타클로스 마을

티나의 엽서.
정성스레 쓴 한글 주소가 눈에 띈다.

의 요정으로도 활동하고 있었다. 산타클로스 마을의 요정이 한국의 북극아카데미에 참여하다니! 이 또한 로바니에미가 우리에게 준 작은 선물이라고 생각한다.

고맙게도 티나는 매년 빼놓지 않고 정성스럽게 쓴 한글 주소로 내게 카드를 보내 핀란드의 산타클로스 마을과 크리스마스 정신을 잊지 않도록 해준다. 우표에 찍힌 직인이 카드가 산타클로스 마을에서 왔음을 알려준다. 그녀의 작은 정성이 이 글을 읽는 독자들에게도 따스하게 전해지길 바란다.

북극 탐험의 최전선, 북극프론티어

노르웨이 북단, 북위 70도의 트롬쇠Tromsø는 내가 처음으로 방문한 북극 도시다. 2012년부터 거의 매년 방문 중이다. 북극 관련 세계적인 기관들이 집결해 있기 때문이다.

인상 깊었던 경험이 하나 있다. 2014년으로 기억하는데, 각국 대표들과 심각한 분위기에서 북극 문제를 한창 논의하던 중에 예고 없이 회의가 중단되고 자료를 띄워놓은 화면에 회의와 관계없는 낯선 곳의 풍경이 떠올랐다. 다른 참가자들은 어떤 상황인지 아는 듯한 눈치였다. 내가 이곳 북극에서는 완전한 이방인임을 직감하는 순간이었다. 갑자기 시작되는 카운트다운. 그들이 새해 첫 해돋이를 맞이하는 방식이었다. 해가 뜨는 이른 시간에 무슨 회의를 하나 하겠지만, 북극 도시 트롬쇠라면 이야기가 조금 다르다.

북극 수도의 첫 해는 천천히 뜬다

―――

트롬쇠는 11월 말부터 약 두 달간 해가 뜨지 않는 극야의 시간을 보낸다. 북위 70도라면 이론적으로 1월 15일경에 첫 일출을 맞겠지만, 주변이 산으로 둘러싸인 트롬쇠에서는 1월 22일이 되어야 태양을 볼 수 있다. 일출이라 해도 태양이 수평선이나 지평선을 뚫고 올라 하늘로 솟아오르는, 중위도에 사는 우리가 쉽게 볼 수 있는 장엄한 모습과는 사뭇 다르다.

그날 트롬쇠에 뜬 태양은 오전 11시쯤 산등성이 사이로 얼굴만 빼꼼히 내밀었다가 20여 분 뒤 다시 지표면 밑으로 사라져버렸다. 두 달 동안 태양을 기다린 이곳 사람들에게는 야속할 정도로 짧은 시간이었다. 어쨌든 새해 첫 일출은 북극권인 이곳에 태양이 다시 돌아왔음을 알리는 성스러운 의식처럼 받아들여진다.

물론 태양이 없는 극야 기간에는 달빛과 별빛이 더 선명하고 신비로운 오로라를 자주 감상할 수 있다. 특히 트롬쇠의 오로라는 도시의 아름다운 풍광과 더해져 그 신비감이 대단하다. 그래도 온기 어린 빛 한 줄기 없이 춥기만 했던 긴 겨울이 끝나가고 있음을 알려주는 태양의 복귀는 언제나 반가울 테다. 북위 90도인 북극점에서는 첫 해가 3월 18일에 뜬다.

도심 속 썰매.
러시아와의 접경 지역 시르케네스의
일상 모습이다.

태양이 돌아왔다고는 하지만 1월 하순 북극권의 일상은 녹록하지 않다. 트롬쇠의 주변 바다는 적도 부근에서 올라온 멕시코만류의 영향으로 얼어붙지 않지만, 찬바람이 굉장히 매섭고 눈보라는 그칠 줄 몰라 익숙하지 않은 사람에게는 무척 고통스러운 환경이다. 나는 빙판에 여러 번 넘어져 이제 트롬쇠에 갈 때는 반드시 아이젠을 챙긴다.

일출만큼이나 인상적인 것이 트롬쇠의 터널이다. 눈이 많이 오고 언덕이 많아 노지에서는 차량 이동이 매우 불편하기에 이곳 사람들은 터널을 많이 뚫었다. 터널 안에 교차로까지 있을 정도다. 이런 터널 개발로 트롬쇠는 공학과 토목 기술이 발전했고, 이는 북극 개발에 큰 도움이 되고 있다.

소소한 즐거움도 있으니, 바로 지구 최북단의 패스트푸드점과 1877년 창업한 역시 지구 최북단의 양조장인 맥Mack이다. 트롬쇠의 식당들은 특히 겨울철에 문을 일찍 닫는데, 회의가 늦게 끝난 날도 어김없이 한 끼 식사를 사 먹을 수 있

트롬쇠에서 맞은 새해 첫 일출.
보통의 일출과 매우 다르지만,
오히려 그래서 이곳 사람들은 성스러운 의식처럼 맞이한다.

는 패스트푸드점은 이방인의 몸과 마음을 든든하게 해준 버팀목이었다. 물론 햄버거를 얻는 대가로 2만 원 가까이 지불해야 했지만 말이다. 또한 140년 이상의 역사가 깃든 양조장 맥에서 마시는 북극맥주Arctic Beer는 맛도 맛이지만 북극 사람들의 끈질긴 삶의 의지가 담겨 있다는 생각에 트롬쇠에 갈 때마다 꼭 한 번은 들른다.

트롬쇠에는 패스트푸드와 맥주 외에도 즐길 거리가 많다. 일단 북극계선 내에서 세 번째로 큰 도시인데, 러시아에 있는 두 곳을 제외하면 가장 크다. 그래서인지 축제가 연중 이어지고, 특히 눈으로 포장한 도로에서 진행되는 순록경주대회가 유명하다. 이런 이유로 '북극의 관문', '노르웨이의 북극 수도' 등 친근한 별명도 많다.

18세기 트롬쇠를 방문한 유럽의 여행자들은 예상을 벗어난 세련된 패션과 예술에 놀라 '북극의 파리'라고 평했다. 오늘날에는 이곳에 국가 간 북극 문제를 논의할 수 있는 유일한 협의체인 북극이사회 사무국과 북극에서의 지속 가능한 경제 개발을 위해 기업들이 중심이 되어 결성한 북극경제이사회Arctic Economic Council, AEC 사무국, 북극의 진정한 주인들이 목소리를 내게 해준 북극이사회 원주민사무국Indigenous Peoples' Secretariat, IPS이 있다. 노르웨이의 대탐험가 난센이 탔던 프람호의 이름을 딴 프람센터에는 노르웨이극지연구소Norwegian

오슬로(Oslo)에 있는 난센의 묘지와 난센연구소.
난센연구소는 난센이 살았던 곳인데, 그가 쓰던 책상 등이 잘 보존되어 있다.

Polar Institute, NPI가 있다. 또한 더욱 효과적인 인재 양성을 위해
트롬쇠대학교를 노르웨이북극대학교로 확대해 운영 중이다.
이처럼 트롬쇠는 북극 관련 과학 연구와 경제 개발, 국제관
계 조정 등을 모두 아우르는 진정한 '북극 수도'로서 역할을
넓혀가고 있다.

트롬쇠에는 난센 외에 노르웨이가 자랑하는 또 한 명의 탐

험가인 아문센의 동상이 우뚝 서 있다. 그의 동상은 결연한 표정으로 트롬쇠의 남쪽 바다를 내려다보고 있다. 그 옆의 조그만 나무 한 그루를 휘감은 전구들의 불빛이 그의 따뜻했던 마음을 전한다. 그의 뜻을 이어받아 트롬쇠는 북극을 향한 도전을 끊임없이 계속해나가고 있다.

노르웨이와 트롬쇠 사람들은 태양이 돌아오는 1월 22일의 의미를 전 세계 사람들과 나누고자 2007년부터 이날이 포함된 주간을 '북극프론티어Arctic Frontiers'로 명명하고 북극 이해와 도전의 폭을 넓힐 콘퍼런스를 개최하고 있다. 북극을 둘러싼 정치와 정책, 산업과 과학, 사람과 문화가 주제인 이 콘퍼런스는 북극 문제를 종합적으로 다루는 첫 시도다. 이로써 노르웨이는 북극서클의회를 개최하는 아이슬란드와 더불어 유럽을 중심으로 한 북극 문제의 지적 리더십을 구축했다.

북극프론티어는 내가 북극권에 처음으로 발을 디디게 된 계기이자, 동시에 우리나라가 북극에서 어떠한 역할을 해야 할지 고민하기 시작한 계기다. 2016년 우리나라는 3년간의 논의 끝에 북극 문제를 종합적으로 다룰 새로운 장을 마련했다. 범정부 차원의 '북극정책 기본계획'이 마련된 12월 10일을 포함한 주간을 '북극협력주간Arctic Partnership Week'으로 명명하고, 국내외 10여 개 기관이 참여한 가운데 해양수산부와 외교부가 공동으로 각종 컨퍼런스를 개최한 것이다. 당시 북

2016년 열린 북극협력주간.
비북극권 국가에서 열린 최초의 북극 관련 국제회의였다는 데 의의가 있다.

극이사회 정식 회원국들과 옵서버국가들이 참여해 정책부터 과학 연구까지 다양한 북극 문제를 논의했다.

노르웨이보다는 10년이 늦었지만 아시아에서는 최초였다. 2019년 6월 북극협력주간과 북극프론티어가 공식 협력협정을 체결했다. 노르웨이가 주도하는 북대서양의 북극프론티어와 우리나라가 주도하는 북태평양의 북극협력주간이 손잡음으로써, 북극해를 사이에 둔 두 지역이 북극 문제를 논의하는 데 상호 협력할 체계가 완성된 것이다.

북극협력주간은 우리나라가 추진 중인 각종 북극 사업의

틀을 구체화하고 과학 연구와 환경 보호 논의는 물론, 북극 항로 항행과 조선업 분야에서의 협력, 에너지자원 활용 분야에서의 협력에 관해 북극권 국가들의 대표 및 전문가와 머리를 맞대고 지혜를 모을 기회가 되고 있다. 지치지 않고 북극에 도전한 도시 트롬쇠와 맺은 인연이 북극의 지속 가능한 개발을 위한 조화로운 협력과 평화의 초석이 되고, 한국의 북극 정책을 한 단계 더 높은 수준으로 발전시키는 기회가 되기를 희망한다.

열린 논의의 장,
북극서클의회

'불과 얼음의 나라' 아이슬란드는 비록 인구 35만 명의 작은 섬나라이지만, 북극서클의회Arctic Circle Assembly에서의 존재감은 절대 작지 않다. 미국, 캐나다, 러시아, 노르웨이, 핀란드, 덴마크, 스웨덴과 함께 북극이사회의 당당한 정식 회원국이고, 1인당 국민소득이 7만 달러를 넘는 세계 5위의 부국이기도 하다.

우리에게는 몇 해 전 인기를 끈 텔레비전 프로그램 덕분에 매우 가깝게 느껴지는 나라다. '얼음 왕국'이라는 뜻의 이름은 국명이 아니었다면 테마파크 브랜드로 명성을 떨쳤을 법해 더욱 친근하다. 9세기경 노르웨이 사람들이 첫발을 내디딘 후 붙인 최초의 이름은 '눈의 땅'이라는 뜻의 스네란Snæland

이었다고 한다.

　수도 레이캬비크는 북극계선 밖인 북위 64도 8분에 있어 밤만 계속되는 극야나 낮만 계속되는 백야가 나타나지는 않는다. 하지만 모든 국가의 수도 중에서 가장 북쪽에 있다. 이 도시의 뜻은 '연무煙霧로 뒤덮인 만'인데, 매서운 추위가 몰아치는 아북극권이지만, 화산 활동으로 생긴 온천의 수증기가 연무처럼 자욱하기 때문이다. 그래서인지 공항이 있는 케플라비크Keflavik에서 레이캬비크로 가는 길에 본 아이슬란드는 황량한 듯하면서도 아닌 듯한 모호함을 느끼게 했다.

22세기를 선도할 국가

────

내가 아이슬란드와 처음 만난 건 2013년 10월의 일이다. "그린란드에는 그린green이 없고 아이슬란드에는 아이스ice가 없다"라는 '아재개그'의 진위를 확인하는 데는 그리 긴 시간이 걸리지 않았다. 비행기가 거센 폭풍과 비바람을 뚫고 아슬아슬하게 케플라비크에 착륙한 후 레이캬비크로 버스를 타고 가면서 본 창밖 풍경은 제주도와 비슷했다. 용암이 굳어 생긴 현무암 들판에 듬성듬성 보이는 초목들은 늘 부는 강한 바람 탓에 누워 있었다.

시간이 흘러 2018년 6월 말 여덟 번째로 아이슬란드를 방문했다. 아이슬란드대학교의 해양법연구소와 공동으로 레이캬비크에서 콘퍼런스를 열었다. 마지막 일정으로 아이슬란드 최서단, 그린란드와 마주 보는 덴마크해협의 스나이펠스네스Snæfellsnes반도를 찾았다. 공상과학소설의 선구자로《해저 2만 리Vingt mille lieues sous les mers》를 쓴 쥘 베른Jules Verne이《지구 속 여행Voyage au centre de la Terre》의 배경으로 삼은 곳이다. 이 소설은 지구 속에 선사시대 생물들이 사는 또 다른 지구가 있고, 그곳으로 통하는 일종의 입구인 화산들이 서로 연결되어 있다는 신선한 발상을 담고 있다. 그리고 주인공들은 스나이펠스네스반도의 스나이펠스외쿨Snæfellsjökull산에서 지구 속으로의 여행을 시작한다.

스나이펠스네스반도는 소설만큼이나 극적인 역사가 있는 곳이다. 노르웨이 출신으로 아이슬란드에 왔다가 훗날 그린란드를 최초로 정복한 바이킹 '붉은 머리 에리크Erik the Red'의 흔적이 남아 있기 때문이다. 동행한 국제해양법재판소 International Tribunal for the Law of the Sea, ITLOS 재판관 토마스 헤이다르Tomas Heidar는 아이슬란드에서 그린란드로 가기 위해 바다를 건너다 보면 스나이펠스외쿨산의 정상이 보이지 않게 되는 순간 그린란드 동쪽의 산들이 보이기 시작한다고 알려주었다. 그래서 방향을 잃을 일이 없다는 것이다. 이런 식으

스나이펠스외쿨산.
소설 《지구 속 여행》에서 주인공들은 이 산을 통해 지구 속으로 들어간다.
현실에서는 아이슬란드와 그린란드를 오가는 뱃사람들이 방향을 잡는 데 도움을 준다.

© Anjali Kiggal

로 스나이펠스네스반도는 1,000년 전부터 세상에서 가장 큰 섬인 그린란드와 유라시아를 이어주었다. 캐나다와 가까이 붙어 있고 이누이트의 땅인 그린란드가 북아메리카가 아닌 유럽에 속한 이유다.

또한 이곳 사람들은 붉은 머리 에리크의 아들인 레이뷔르 에이릭손Leifur Eiriksson이 크리스토퍼 콜럼버스Christopher Columbus 보다 500여 년 앞서 북아메리카를 발견했다고 믿는다. 이것이 사실이라면 스나이펠스네스반도는 아시아에서 동쪽 끝으로 간 인류의 후손인 그린란드 사람과 서쪽 끝으로 간 인류의 후손인 유럽 사람이 서로 다른 방향으로 떠나간 지 수십만 년 만에 지구 반대편에서 다시 만난 동서의 연결고리인 셈이다.

아이슬란드는 소국이지만 수산업과 관광 산업이 크게 발달한 곳이고, 북극해와 그린란드라는 거대한 얼음 왕국을 배

아이슬란드 동전.
생선이 새겨져 있다.

후에 두고 있어 지정학적으로도 중요한 곳이다. 최근에는 재생에너지 산업이 주목받고 있는데, 레이캬비크에 조성된 수산업 단지는 '생선의 완전 활용, 폐기물 0'이라는 혁신적인 아이디어로 '수산업의 실리콘밸리'

를 목표로 하고 있다. 해양국가 답게 모든 동전에 각기 다른 바다 생물이 새겨져 있기도 하다.

또한 아이슬란드는 전기의 99퍼센트를 수력과 지열발전으로 생산하는데, 가구의 90퍼센트가 지열로 데워진 온수를

말린 대구.
바이킹의 대구 저장법이다.

공급받고 있다. 그만큼 화산 활동이 활발한 것으로 아이슬란드의 국토는 매년 2.5센티미터씩 커지고 있다. 아이슬란드 사람들은 자국의 이런 특징에 자부심을 느끼며 '22세기를 선도할 국가'가 될 잠재력이 있다고 생각한다.

콘퍼런스 개최일에는 그뷔드니 요한네손Guðni Johannesson 대통령이 직접 참석해 자신이 영국과 아이슬란드의 '대구전쟁'을 연구한 역사학자이고, 그의 조부는 직접 영국과의 협상에 참여했다는 이야기를 들려주었다. 북극해의 작은 섬나라이지만, 각종 해양 문제를 대하는 자신감이 대단하다는 것을 새삼 느낄 수 있었다. 실제로 아이슬란드는 북극 문제에 탄탄한 입지를 가지고 있다. 폐쇄적으로 운영되는 북극이사회의 한계를 인식하고 2013년 북극서클의회를 창설해 차별 없는 논의의 장을 마련했다. 2019년부터 2년간 북극이사회의 의장국을 맡았고, 북극이사회 산하 실무위원회 여섯 개 중 두

2019년 열린 북극서클의회.
미국과 그린란드의 정치인들이 북극 문제를 놓고 논의 중이다.

개를 담당해 영향력이 만만치 않다. 여담이지만 개최일이 제
21회 러시아 월드컵에서 우리나라가 독일에 2 대 0으로 이
긴 다음 날이었는데, 요한네손이 인사말을 하며 특별히 승리
를 축하해줘 모든 한국인 참석자가 즐거워했다.

오늘날 북극을 향한 도전은 1,000년 전처럼 생존을 위해
새로운 땅을 모험하거나, 100년 전처럼 북극점을 정복하기
위해 탐험에 나서는 것과는 다르다. 이제 북극 문제는 초강
대국 간의 패권 다툼과 에너지자원을 둘러싼 경쟁, 새로운

물류 허브 개척, 치열한 과학 연구와 해양자원 탐사, 수십만 원주민의 삶에 영향을 미치는 급격한 기후변화 등이 얽히고 설켜 복잡한 셈법이 작용하고 있다.

무엇보다 북극권을 구성하는 서양 국가들과 북극권의 새로운 이해관계국으로 등장한 동양 국가들 사이에서 또 다른 의미의 동서 간 만남이 진행되고 있다. 바로 지금의 북극과 다가올 미래의 북극을 여러 관점에서 바라보고 북극 문제 해결을 위한 협력과 공동대응이 필요한 이유다.

11세기의 스나이펠스네스반도가 정복 활동을 계기로 동서를 연결한 공간이었다면, 1,000년이 지난 21세기의 한반도는 동서가 힘을 모아 북극 문제를 해결하고 평화로운 공존을 도모하는 공간이 되기를 바란다.

북극 삼국시대의
도래

10년 가까이 서른 번 넘게 북극권 이곳저곳을 다니면서 보았던 장면들은 독특한 환경과 함께 연상되기 때문에 기억에서 잘 지워지지 않는다. 그중에서도 가장 인상 깊었던 장면이 세 가지 있다.

첫 번째는 러시아가 건조한 세계 최대의 원자력쇄빙선에 올라 미국과 러시아의 경계이자 유라시아와 북아메리카를 나누는 베링해협을 통과하는 순간이었다. 확인할 수는 없지만, 함께 승선한 대표단을 포함해 아마 한국 사람으로서는 처음으로 원자력쇄빙선을 타고 북극해를 항행했을 것이다. 171메가와트급 원자로 두 기에서 뿜어내는 막강한 에너지를 동력 삼아 잔뜩 화난 야수처럼 거침없이 나아가던 승리50

주년기념호가 태평양 북쪽 끝 베링해의 마지막 땅 다이오메드Diomede제도를 지나가던 순간, 바로 옆에서 유유히 헤엄치던 혹등고래와의 만남은 말로 표현하기 어려운 특별한 감흥을 선사했다.

두 번째는 캐나다 북서항로가 지나는 작은 마을 케임브리지베이에서 만난 어린 원주민 여학생이 여린 가슴속에 담아두었던 속마음을 내보였을 때다. 그녀는 자신이 지금 이곳에 서 있는 것은 선조들이 생존을 위해 거친 북극의 기후와 투쟁한 동시에 자연에 도움 받았기 때문임을 잘 알고 있었지만, 화려하고 풍요로운 대도시 생활을 향한 동경과 갈망을 숨기지 못하고 바깥세상에서 온 이방인들 앞에서 끝내 울음을 터뜨렸다. 북극에 적응한 그들은 강한 신체와 지혜, 정신을 갖추고 있었지만, 여전히 채워지지 않는 현실의 욕망과 보일 듯 말 듯 흐릿한 미래 사이에서 갈팡질팡했다. 무엇보다 오랜 옛날부터 이어져온 그들의 사회가 사라질지 모른다는 두려움이 큰 듯했다.

세 번째는 그린란드 중부의 도시 일룰리셋의 짙푸른 바닷속으로 하릴없이 녹아 부서져 침몰하는 거대한 빙산의 모습이다. 얼음으로 고립되었지만, 그 때문에 얼음에 특화된 생존방식으로 수천 년을 살아온, '빙산'이라는 뜻의 이름 그대로 '얼음에 종속된 사회'가 기후변화로 변해가는 과정을 함축하는 듯했다. 마치 금이 가서 물이 조금씩 새고 있는 어항에 갇힌 물고기 같다는 생각마저 들었다. 과연 그들은 단 한 세대 남짓한 기간 급격히 달라진 환경과 삶의 방식에 옛 선조처럼 성공적으로 적응할 수 있을까. 일룰리셋 앞바다의 빙산이 부스러질수록 그들의 삶도 점차 부서질 것만 같았다.

돌아보면 단편적인 이 기억들만큼 북극의 지난날을 잘 반영한 것은 없다고 생각된다. 어떤 곳은 조 단위의 막대한 비용이 드는 원자력쇄빙선을 찍어내고, 어떤 곳은 사람들의 마음속에 자리 잡은 전통과 현실 간의 괴리가 갈등을 일으키며, 어떤 곳은 기후가 변해 자연의 모습과 삶의 방식이 바뀌는 모습이, 즉 정치, 경제, 문화, 환경 등 북극의 모든 변화가 이 스냅 사진 같은 기억 속에 담겨 있다.

충돌과 협력의 경계

오늘날 북극은 또 다른 변화를 예고하고 있다. 특히 최근 북극을 둘러싼 지정학적 변화가 심상치 않다. 인간의 접근을 쉬이 허락하지 않았던 북극이지만, 1990년대 초 소련의 몰락을 계기로 환경 보호를 위해 서구 중심의 다자간 협력 체계가 형성되었고, 2010년대에는 마침내 비서구 국가들의 참여가 이루어졌다. 하지만 최근 러시아의 신新북극전략과 중국의 일대일로 프로젝트가 본격화되어 미국의 군사적 대응이 강화되었다. 지난 30년 넘게 이어온 협력이라는 기조가 크게 변하고 있는 것이다.

특히 2019년 핀란드 로바니에미에서 개최된 북극이사회에서 중국과 러시아를 향한 미국의 경계심이 표출된 일이 결정적 계기가 되었다. 이렇게 현실화된 삼국 간의 갈등은 2020년 도널드 트럼프Donald Trump 대통령이 〈극지에서의 미국 이익 수호를 위한 각서Memorandum〉에 서명하며 심화할 가능성이 매우 커졌다.

각서에는 2029년까지 26억 달러를 투입해 해안경비대 쇄빙선단을 구축하고, 그 기지를 국내 두 곳과 해외 두 곳에 설치하는 계획이 포함되었다. 몇몇 전문가는, 정치적 불확실성을 전제하고 있지만, 해외 기지 후보지로 그린란드와 아이슬란드, 캐나다를 언급하고 있다. 미국의 이러한 대응은 러시아의 북극 활동에 대응하고 중국의 북극 진출을 억제할 조치로 이해된다. 물론 조 바이든Joe Biden 대통령이 각서를 유지할지는 불투명하지만, 미국과 러시아, 중국 간의 갈등이 북극에만 국한된 것이 아니라는 점에서 언제든 악화할 가능성이 있다.

러시아는 쇄빙선단을 더욱 강화하고, 막대한 에너지자원

과 북극항로의 경제성을 활용해 경제 협력을 주도하며, 최근에는 수소에너지를 기반으로 한 북극 소도시 모델을 제시해 미래를 준비하고 있다. 또 중국은 일대일로 프로젝트에 북극항로를 포함하고, 러시아의 천연가스 개발 사업에 공격적으로 투자하고 있다. 심지어 북극해에 접한 러시아의 항만에까지 투자를 검토하고 있으며, 더 나아가 직접 원자력쇄빙선을 건조하려 준비 중이다. 중국의 '북극몽夢'이 나날이 구체화되고 있는 것이다.

북극의 이런 모습은 지난 30년간 이어진 북극권 국가들의 다자간 협력시대와 에너지자원을 거머쥔 러시아의 독주시대를 지나, 중국과 미국이 본격적으로 두각을 드러내 3개국이 주도하는 '북극 삼국시대'의 도래를 알린다. 물론 아직은 이들 세 국가가 써 내려갈 북극판《삼국지》가 어떤 결말을 맞을지는 예단할 수 없다.

2021년 초 러시아 스콜코보Skolkovo 경영대학원과 노르웨이 노르드Nord 대학교는 2050년까지 북극의 미래를 '암흑시대Dark Age', '개발시대Age of Discovery', '낭만시대Romanticism', '부흥시대Renaissance'로 나누어 예측했다. 이때의 핵심 변수는 미국과 러시아, 중국의 갈등과 협력이다.

많은 사람의 예상처럼 북극이 군사적·안보적 이해가 중심이 되는 신냉전의 소용돌이에 빠져들지, 아니면 기후변화

중국의 쇄빙연구선 쉐룽(雪龍)호.
1993년 건조된 후 2019년 쉐룽 2호가 등장하기 전까지 중국 유일의 쇄빙선으로 활약했다.
중국의 북극몽을 상징하는 배로, 북극 탐사와 항로 개척 임무를 주로 수행한다.

해결과 지속 가능한 발전을 위한 혁신적 협력의 틀이 만들어지고 전 세계적 경제 성장을 주도할 기반이 될지, 아니면 새로운 국가가 더해져 사국시대를 열지 등 모든 가능성은 열려 있다. 분명한 것은 북극이 직면한 각종 문제를 해결할 만한 경제력과 과학기술 역량을 갖추어야만 미국, 중국, 러시아 삼국이 만들어가는 틀을 넘어설 수 있다는 점이다.

어떤 현실이든 북극이 이제껏 경험하지 못한 '결정적 순간'에 다가가고 있다는 사실은 명백해 보인다. 기후변화와 온난화의 수준이 우리의 예상치를 넘어서고 있으므로 북극의 영구동토층과 해저면에 갇혀 있는 온실가스가 자연 배출되어 대재앙이 시작될 수도 있다. 또 막대한 지하자원이 본격적으로 개발되어 북극이 중동을 대신할 화석 연료의 새로운 공급지로 탈바꿈할 수도 있다. 어떤 변화든 전 세계의 환경, 정치, 경제에 결정적 영향을 미치게 될 것이다.

북극해의 주도권을 상징하는 원자력쇄빙선, 자신의 존재 이유를 찾고자 갈등하던 어린 원주민 여학생, 기후변화로 얼음 없는 빙산 마을이 되어가는 일룰리셋. 스냅 사진처럼 세 장면의 기억은 모두 선명하지만, 여전히 무엇이 진정한 북극의 모습인지, 무엇이 반드시 지켜야 할 가치인지, 무엇을 지킬 수 있을지 판단하기가 쉽지 않다. 공존하기 어려워 보이는 것들이 모두 북극의 실제 모습이고, 그곳의 국가들과 사람들에게 대체하기 어려운 특별한 가치를 지니고 있기 때문이다. 또한 최근 초강대국 간의 충돌로 격변하는 국제 정세가 북극을 어떻게 바꿀지 예측하기도 쉽지 않다. 다만 한 가지 분명한 것은 대화와 협력의 끈은 끊어지지 않아야 한다는 것이다. 북극의 자연을 이해하고, 삶을 이해하며, 변화를 이해하는 노력으로 미래를 함께 준비하는 것만이 유일한 방법이 아닐까 한다.

우리는 북극을
어떻게 만나야 할까

'북극' 하면 왠지 우리와 아주 멀게 느껴진다. 하지만 거리로만 따지면 그다지 먼 존재는 아니다. 우리나라에서 제일 가까운 북극 해안까지는 직선거리로 3,700킬로미터 정도인데, 이는 서울과 방콕Bangkok 간의 거리와 비슷하다. 그런데도 멀게만 느껴지는 것은 대부분의 북극 지역은 항공편으로 갈 수 없고, 비용이 많이 들 뿐 아니라, 시간도 굉장히 많이 걸리기 때문이다.

캐나다의 북쪽 오지 마을 케임브리지베이에 갔을 때는 비행기를 다섯 번이나 갈아타느라 40시간 넘게 걸렸다. 러시아의 동쪽 끝 아나디르는 우리나라에서 직선거리로 4,000킬로미터 떨어져 있지만, 경유에 경유를 거치느라 이틀 동안 1만

3,000킬로미터를 가야만 했다.

또한 직접 진출한 우리나라 기업도 적고, 관광도 활성화되지 않는 등 이해관계가 약해 북극 관련 소식을 들을 기회가 그리 많지 않은 것도 사실이다. 한국해양수산개발원에서 2020년 조사한 결과에 따르면 국민의 60퍼센트 정도는 북극 관련 소식을 연간 두 번도 듣지 못한다. 추측하건데 겨울철이나 여름철 기상 이변을 일으키는 제트기류 이야기나, 북극에서 뽑아낸 천연가스를 수송할 배를 우리나라 조선소가 수주했다는 소식 정도일 것이다.

멀고도 가까운

하지만 북극은 생각보다 우리와 가깝다. 우선 북극의 기후변화는 중위도 지역에서 나타나는 기상 이변과 직접적인 관계가 있음이 과학 연구로 밝혀지고 있다. 북극의 냉기를 커튼처럼 가둬두는 제트기류의 속도가 온난화로 느려지고, 그 틈에 찬 공기가 중위도 지역을 직격한다는 것이다.

2021년 2월 미국 텍사스Texas의 기온이 평년보다 거의 30도나 낮은 영하 20도까지 내려갔다. 예상치 못한 한파로 전기 수요가 급증하자, 관련 시설이 마비되어 경제 및 사회 활동이 완전히 멈추었는데, 이 또한 북극의 찬 공기가 북아메리카의 깊숙한 곳까지 내려왔기 때문이다. 이처럼 온난화가 급속히 진행 중인 오늘날, 역설적이게도 몇몇 지역은 예년보다 더 추운 겨울을 보내고 있다.

반대로 탐사 기술의 발달과 온난화로 인간의 손이 닿지 않았던 지역까지 조사와 접근이 이루어져, 북극의 에너지자원과 그 잠재력이 서서히 주목받고 있기도 하다. 전 세계의 화석 연료 지도를 다시 그려야 할 만큼의 석유와 천연가스가 북극 아래 묻혀 있다는 사실은 인접한 국가들로서는 쉽게 지나칠 수 없는 엄청난 매력임이 틀림없다. 물론 그러한 자원이 필요한 국가들도 관심을 기울일 수밖에 없다. 이런 이유로 자원을 추출하고 정제해 운송, 유통할 방법과 시설의 개발이 잇따르는 중이다. 이때 북극항로는 자원을 전 세계로 보낼 주 통로가 될 것으로 기대된다. 물론 자원의 가격 경쟁력과 품질에 따라 개발 속도는 조절되겠지만 말이다.

우리가 북극을 주목할 수밖에 없는 이유는 에너지자원의 대부분을 해외에서 수입하기도 하고, 또한 가장 앞선 조선 기술로 극한의 환경에서 안전하게 항행할 배를 만들 수 있는 거의 유일한 국가이기 때문이다. 게다가 앞서 언급한 조사 결과에 따르면, 국민의 80퍼센트 이상이 북극을 관광하고 싶어 한다. 특히 그중 30퍼센트 이상이 5년 이내에 가보

사베타의 체육관에서 열린 북극 관련 국제회의.
지금도 장소를 가리지 않고 수많은 국가가 북극 문제를 논의하고 있다.
물론 우리나라도 예외는 아니다.
북극에는 각국의 이해와 미래가 걸려 있다.

고 싶다고 해, 실제 접할 수 있는 정보량은 적더라도 북극을 직접 경험하고 싶은 욕구는 매우 크다는 것을 알 수 있다. 북극 관련 소식이 생각보다는 꽤 관심을 끌고 있는 것이다. 어쩌면 세상을 멈추게 한 신종 코로나바이러스의 확산이 종식되면 많은 사람이 가보고 싶은 지역으로 북극을 꼽을지 모른다. 그리되면 우리나라와 북극은 기후, 자원, 기술, 항로, 인적 교류 측면에서 한층 가까운 사이가 되리라.

물론 여기에는 몇 가지 생각해봐야 할 점이 있다. 우선 북극의 기후변화는 북극 탓이 아니다. 우리나라를 포함해 북반구 중위도에 집중되어 있는 대도시와 산업 지대에서 지난 100여 년간 마구 배출한 탄소와 오염 물질이 기후변화의 가장 큰 요인이다. 즉 북극이 변해서 우리가 기상 이변을 겪는 것이 아니라, 우리가 지구에 행한 일들이 마치 산울림처럼 지금의 결과로 나타난 것뿐이다. 따라서 기후변화의 진짜 원인 제공자는 우리라는 사실을 잊지 말아야 할 것이다.

그러니 북극의 처지에서는 지금의 기후변화가 산업화 과정을 마친 선진국의 책임인지, 현재 산업화 과정을 거치고 있는 개도국의 책임인지 따지는 것은 무의미하다. 모든 원인이 줄곧 축적되고 누적되어왔다. 여기에는 우리의 책임도 분명 존재한다. 공동의 책임이므로, 함께 머리를 맞대고 손을 마주잡으며 해결하려는 노력을 멈추지 말아야 한다. 어찌 보면 무척 식상한 표현일 수 있지만, '책임 있는 국제 사회의 일원'으로서 진지하게 이 문제를 대하는 자세가 필요하다.

더는 과거처럼 환경적·생태적·문화적으로 극히 민감한 북극에 무분별하고 책임 없는 행위를 저질러서는 안 된다. 경제적·사회적·정치적 비용을 치르더라도 가장 앞선 과학 지식과 환경 친화적 기술을 이용하는 지혜가 필요하다. 우리의 앞선 정보통신 기술과 해양 탐사 및 조선 기술을 북극의 지속 가능한 발전을 위해 어떻게 활용할 수 있을지 고민해야 하는 이유다.

더불어 북극 원주민에 대한 존중도 중요하다. 그들이 북극의 소유자이자 거주민이고, 가장 큰 이해관계자이기 때문에 그래야 하는 것은 아니다. 우리의 전통과 문화, 정신이 마땅히 존중받아야 하는 것과 마찬가지로, 수천 년 동안 극한의 환경을 극복하며 만들어온 그들의 전통과 문화, 삶의 방식도 마땅히 그러한 대우를 받아야 한다. 원주민의 수가 많건 적건 관계없이 그들의 문화와 지식, 적응력은 북극이 가진 가장 큰 자산이다.

이를 지키고 보전하기 위해 스발바르지구종자보관소처럼 '북극지식보관소'를 만들어야 할지 모른다. 북극이사회의 상시참여자인 여섯 개 원주민 단체 중 사미위원회Saami Council에서 근무하는 친구 군브리트 레테르Gunn-Britt Retter에 따르면, 사미족의 언어에서 눈을 의미하는 단어는 318개, 순록과 관계된 단어는 1,000개 이상이라고 한다. 정확한 개수에 관해서는 논란이 있지만, 원주민들이 자신을 둘러싼 북극의 자연환경을 얼마나 민감하고 세밀하게 분류하는지 보여주는 증거임이 틀림없다. 그리고 이러한 지식에는 그들의 삶의 지혜가 담겨 있다.

우리나라는 북극에 영토나 영해가 없는 비북극권 국가다. 그리고 북극이사회에서는 정식 회원국이 아닌 옵서버국가다. 지리적 요인에서 비롯된 이러한 한계는 아주 특별한 상황이 아닌 이상 극복할 수 없을 것이다. 하지만 앞서 설명한 바처럼 오늘날 논의되고 있는 수많은 북극 문제 중에서 우리와 직접 관계되거나 연결된 것들 또한 많다. 게다가 북극의 역사와 우리의 역사가 일정 부분 맞닿아 있다는 여러 증거와 연구도 있다. 당장의 문제에 공동으로 대응하는 책임감, 새로운 문제에 우리의 지식과 기술을 활용하는 도전 정신, 삶과 역사의 가치를 인정하는 존중심을 품고 북극을 대한다면 그곳의 진정한 의미와 가치를 깨닫게 될 것이다.

맺는말

세상의 끝에서 이야기는 시작된다

새로운 일을 하다 보면 자연스레 새로운 사람들을 만나게 된다. 특히 북극처럼 낯설고 외진 곳에서 만나는 사람들과의 관계는 더욱 특별하게 느껴진다. 10여 년 전 북극 연구에 참여하기 시작한 뒤로 총 서른세 번 북극을 찾았고, 스무 곳의 도시나 마을을 방문했다. 참석한 회의는 어림잡아 100건이 넘고 대화를 나눈 사람은 1,000명은 족히 될 것이다.

대부분의 회의는 북극에서 발생하는 해결하기 까다로운 문제들을 다루었다. 가끔 흥미로운 과학 연구 성과를 이야기하기도 했지만, 결국에는 그 성과를 어디까지 인정하고 정치, 경제, 사회 분야에는 어떻게 적용할지에 관한 논의로 이어지는 경우가 많았다. 이 때문에 회의에서 결론을 내리는 일은 절대 쉽지 않았다. 국가마다, 지역마다, 심지어 국가 내

특정 분야나 기업마다 견해가 달랐기 때문이다.

예를 들어 기후변화의 영향으로 북극의 자연환경과 생태계가 점차 나빠지고 있고 이를 정확히 파악하기 위해서는 관측과 연구가 필요하다는 데는 공감대가 형성되지만, 그래서 무엇을 어떻게 할지는 이해관계국마다 생각이 다르다.

어떤 국가는 북극 개발을 더는 허용하지 말아야 한다고 주장한다. 강력한 조치로 환경 파괴를 원천적으로 막자는 것이다. 또 어떤 국가는 북극 문제의 대부분은 북극에 원인이 있지 않으므로, 전 세계적 차원의 노력과 대응을 끌어내는 국제적 규범의 도입을 강조한다. 정반대로 세계 경제와 북극 경제 발전을 위해서는 북극을 개발할 수밖에 없으며, 그 결정은 주권국가의 권한이므로 존중해야 한다고 주장하는 국가도 있다. 또 어떤 국가는 첨단 과학과 기술 개발로 북극 개발이 야기할 환경적 충격을 최소화하자고 목소리를 높인다.

이렇듯 국가들은 각자 나름의 논리와 그것을 추진할 권리를 가지고 있기에 아무리 사소한 사안이라도 결론을 끌어내는 데 시간이 오래 걸릴 수밖에 없다. 특히 의견이 다른 국가를 설득하기 위해서는 과학적인 증거를 가져와야 하는데, 이 또한 쉽지 않은 일이다.

게다가 국가 간의 친밀도와 정치적 환경도 다르고, 원주민과 지역사회의 의사도 반영해야 하기에 하나의 안건을 두고 몇 시간씩 논의하기도 한다. 그렇게 해도 명쾌한 결론을 도출하는 경우는 극히 드물다. 최근에는 첨단 과학기술의 개발과 적용을 놓고 논의하는 경우가 많은데, 이때 기업들이 각자에게 유리한 의견을 개진해 진통을 겪기도 한다. 북극 안에 작은 지구촌이 있는 것이다.

이런 이유로 회의는 엄중한 분위기에서 진행되지만, 참석자들은 낯선 오지에 함께 있다는 동질감으로 묘하게도 쉽게 친구가 되기도 한다. 물론 각자의 처지가 다르고, 회의가 시작되면 열심히 자기 일을 하지만 말이다. 그래도 며칠씩 함께 있으면 자연스럽게 개인적인 대화를 나누게 되고, 그러다 보면 점차 서로의 생각을 이해하게 되며, 결국 회의를 마칠 때쯤에는 웃으며 건승을 비는 사이가 된다. 그중 몇 사람은 회의장에서의 친교를 넘어서 진짜 친구가 되기도 한다.

나에게도 그런 친구가 있다. 바로 스웨덴 국적의 요나스 폴손Jonas Pålsson이다. 그는 40대 중반의 해양 환경 전문가로 북동대서양환경보호위원회OSPAR Convention에서 활동하고 있다. 그를 처음 만난 것은 2018년 10월 초로, 블라디보스토크에서였다. 북극의 해양 환경을 논의하는 회의에서 동양인의 얼굴을 한 사람이 스웨덴 대표의 자리에 앉아 있어 의아했는데, 둘째 날 그가 내게 말을 걸어왔다. 회의에 관한 이야기를 잠시 나눈 후 내가 별생각 없이 동양인처럼 보인다고 하자, 그는 아무 거리낌 없이 자신과 여동생이 한국에서 태어난 직후 스웨덴으로 입양되었기 때문이라고 설명했다. 예상치 못한 그의 대답에 나는 당황해 말을 잇지 못하다가 불쑥 미안하다며 사과했다. 푸근한 얼굴의 요나스는 큰 소리로 웃으며 괜찮다고 하고는 내 어깨를 툭 치고 자기 자리로 돌아갔다. 솔직히 그날 회의는 귀에 잘 들어오지 않았다. 그다음 날은 오전 회의를 끝으로 모든 일정이 마무리되는 날이었다.

이번에는 내가 요나스에게 먼저 인사를 건네며, 오후에 함께 가고 싶은 장소가 있으니 시간을 내달라고 요청했다. 그는 전날과 같은 미소를 띤 채 흔쾌히 승낙했다. 내가 그를 데리고 간 곳은 일제강점기에 블라디보스토크로 이주한 조선인들이 거주한 마을 터였다. 우리가 갔을 때는 옛 마을과 관련된 아무런 흔적도 남아 있지 않았고, 비문을 새기지 않은 백비白碑만이 자리를 지키고 있었다. 비석 앞에 꽃송이를 놓고, 그에게 내가 아는 한에서 우리 민족의 역사를 이야기해주었다. 돌아오는 길에 그가 방명록에 무언가를 쓰고 있길래 보았더니 "I will not forget it(절대 잊지 않겠습니다)"이라는 문구가 눈에 들어왔다. 짧은 글에 눈물이 흘렀다. 그날은 10월 3일 개천절이었고, 그의 한국 이름은 이정수다.

정수와는 4개월 뒤에, 이번에는 그의 나라인 스웨덴 말

뫼Malmö에서 다시 만났다. 신기한 것은 그를 다시 만나니 처음 느꼈던 미안함은 어느새 사라지고 스스럼없이 서로를 "Brother(형제)"라고 부르게 되었다는 것이다. 언제나처럼 회의들이 빡빡하게 이어졌지만, 그의 넉넉한 웃음을 보면 왠지 이 낯선 곳에 내 편이 하나 더 있는 듯해 든든했다. 마침 일정에 우리의 설날이 껴 있어, 그에게 선물할 요량으로 한국에서 컵라면처럼 생긴 즉석 떡국을 넉넉히 챙겨 갔다. 그리고 헤어지는 날에 떡국의 의미를 설명하며 선물로 주었다. 정수는 그날 저녁 바로 떡국을 맛보고 아이처럼 감탄하며 '인증샷'을 보내주었다.

정수는 한국에 한 번도 온 적이 없다. 그의 여동생은 여러 번 다녀갔다고 한다. 그가 한국에 오지 않은 이유가 단순히 바빠서였기를 바란다. 나는 그가 한국에 오는 날 제대로 된 떡국을 맛보여주기로 굳게 약속했다. 정수와는 요즘도 가끔 안부를 주고받는다. 늘 건강히 잘 지내라는 인사와 함께.

언젠가 나도 북극 관련 업무를 마무리할 때가 올 것이다. 그래도 북극 때문에 만난 사람들과의 인연은 계속될 것 같다. 그중에서도 정수는 북극 한가운데 사는 내 형제다. 그가 블라디보스토크의 조선인 마을에 남긴 글에 대한 내 대답은 이렇다. "I will not forget you(너를 절대 잊지 않을게)."

북극 이야기, 얼음 빼고

33번의 방문 비로소 북극을 만나다

초판 1쇄 인쇄 2021년 5월 31일 **초판 1쇄 발행** 2021년 6월 9일

지은이 김종덕, 최준호
펴낸이 이승현

지적인 독자 팀장 김남철
편집 김광연
디자인 윤정아

펴낸곳 ㈜위즈덤하우스 **출판등록** 2000년 5월 23일 제13-1071호
주소 경기도 고양시 일산동구 정발산로 43-20 센트럴프라자 6층
전화 031)936-4000 **팩스** 031)903-3893 **홈페이지** www.wisdomhouse.co.kr

ⓒ 김종덕·최준호, 2021

ISBN 979-11-91583-45-8 03400